滨州学院学术著作出版基金资助

甜高粱生物技术及其应用

张玉苗 著

中国农业科学技术出版社

图书在版编目（CIP）数据

甜高粱生物技术及其应用 / 张玉苗著. —北京：中国农业科学技术出版社，2020. 6

ISBN 978-7-5116-4734-4

Ⅰ. ①甜… Ⅱ. ①张… Ⅲ. ①甜高粱—生物技术 Ⅳ. ①S566.5

中国版本图书馆 CIP 数据核字（2020）第 074849 号

责任编辑 崔改泵 李 华
责任校对 贾海霞

出 版 者 中国农业科学技术出版社
北京市中关村南大街12号 邮编：100081
电 话 （010）82109708（编辑室） （010）82109702（发行部）
（010）82109709（读者服务部）
传 真 （010）82106650
网 址 http: // www.castp.cn
经 销 者 各地新华书店
印 刷 者 北京建宏印刷有限公司
开 本 710mm × 1 000mm 1/16
印 张 12.75
字 数 215千字
版 次 2020年6月第1版 2020年6月第1次印刷
定 价 86.00元

前　言

高粱（*Sorghum bicolor* L. Moench），禾本科高粱属二倍体植物（2n=2x=20），是世界上继小麦（*Triticum aestivum* L.）、玉米（*Zea mays* L.）、水稻（*Oryza sativa* L.）和大麦（*Hordeum vulgare* L.）之后的第五大禾本科作物（Belton & Taylor，2004）。高粱是固碳效率比较高的C_4单子叶植物，适应高温和干旱等逆境环境。甜高粱又称糖高粱或甜秆，是普通粒用高粱的一个变种。其植株高大，光合效率高、生物量大、适应力强，因此，甜高粱作为一种粮食、饲草和能源作物备受关注。

2009年籽实高粱BTx623测序完成，基因组大小约730Mb，高粱成为禾本科基因组学研究的模式作物之一。随后大量的甜高粱和籽实高粱重测序工作快速展开，为基因功能的研究以及利用现代生物技术培育新品种打下了基础。

高粱是远缘杂交不亲和作物，传统遗传育种方法已不能满足我们对培育高粱新品种的要求。利用已知的高粱基因组序列开展优异基因的筛选，结合遗传转化方法，将控制优良农艺学性状的基因转进高粱植株，同时结合杂交育种技术，可创制适应性广、生物量高的超级甜高粱优异新种质。因此，甜高粱遗传转化体系的建立对加速甜高粱遗传改良具有重要意义。

为了更好的将生物技术服务于甜高粱新品种培育等实际生产、应用领域，本书精心策划，参阅大量参考文献，依靠多年科研积累和研究成果，编写了此书。本书主要围绕甜高粱遗传转化技术开发与应用以及甜高粱基因组测序工作作出归纳总结，全书共分为7章，第1章　甜高粱再生及遗传转化研究进展；第2章　甜高粱再生体系的建立；第3章　甜高粱遗传转化体系的建立；第4章　甜高粱遗传转化体系的应用；第5章　甜高粱基因组测序及再生性状相关遗传位点的筛选；第6章　基于提高CRISPR/Cas基因编辑效率的研究进展；第7章　甜高粱理想株型遗传改良展望。本书从甜高粱生物技术体系开发、应用延伸至理想株型遗传改良展望，内容全面，涵盖面广，本书配有较多高清图片，生动形象，使读者更易理解和接受，适于甜高粱生物技术及遗传育种研究工作者参考借鉴。

在本书的编写过程中，参考了国内外许多相关的教材和文献资料，借鉴了一些前沿科研成果，在此向各位前辈和同行致以衷心的感谢。本书还得到了滨州学院、中国农业科学技术出版社的大力支持和帮助，谨在此一并表示衷心的感谢。本书的出版得到了滨州学院学术著作出版基金、山东省高等学校青创科技支持计划（2020KJD005）、中国科学院A类战略性先导科技专项（XDA26000000）等项目的资助。

由于时间和水平所限，书中难免有疏漏和不足之处，敬请专家和同行以及广大的读者给予批评指正。

著　者

2020年4月

目　录

1　甜高粱再生及遗传转化研究进展 …… 1

1.1　高粱生产中存在的问题 …… 2

1.2　甜高粱再生及遗传转化体系研究进展 …… 3

1.3　重组DNA技术 …… 13

2　甜高粱再生体系的建立 …… 17

2.1　引言 …… 17

2.2　试验材料 …… 17

2.3　试验方法 …… 20

2.4　结果与分析 …… 24

2.5　本章小结 …… 39

3　甜高粱遗传转化体系的建立 …… 40

3.1　引言 …… 40

3.2　试验材料 …… 41

3.3　试验方法 …… 46

3.4　结果与分析 …… 53

3.5　本章小结 …… 64

4　甜高粱遗传转化体系的应用 …… 65

4.1　引言 …… 65

4.2　试验材料 …… 66

4.3　试验方法 …… 67
4.4　结果与分析 …… 70
4.5　本章小结 …… 76

5　甜高粱基因组测序及再生性状相关遗传位点的筛选 …… 77

5.1　引言 …… 77
5.2　材料与方法 …… 80
5.3　结果与讨论 …… 84
5.4　小结 …… 91

6　基于提高CRISPR/Cas基因编辑效率的研究进展 …… 92

6.1　CRISPR/Cas技术的发现 …… 92
6.2　CRISPR/Cas系统的技术原理 …… 93
6.3　CRISPR/Cas系统的晶体结构 …… 95
6.4　基因编辑效率存在问题及研究进展 …… 99
6.5　提高基因编辑效率的其他几个方面 …… 105

7　甜高粱理想株型遗传改良展望 …… 108

7.1　引言 …… 108
7.2　高粱非生物胁迫和生物胁迫抗性相关的QTLs …… 110
7.3　高粱的持绿耐旱特性 …… 116
7.4　高粱对非生物胁迫响应的分子机制 …… 120
7.5　高粱的耐寒性 …… 124
7.6　高粱的耐盐性 …… 124
7.7　高粱对铝毒害的耐受性 …… 128
7.8　生物胁迫抗性 …… 129
7.9　杂草控制 …… 132
7.10　生物燃料综合征及其遗传决定因素 …… 133
7.11　前景展望：甜高粱的理想表型 …… 153

参考文献 …… 156

附　录 …… 194

1 甜高粱再生及遗传转化研究进展

高粱（*Sorghum bicolor* L. Moench），是原产于热带及亚热带地区的一年生单子叶C_4植物，广泛种植于干旱及半干旱地区，是世界第五大粮食作物。其光合作用效率高，生物产量高，经济效益大，被称为“高能作物”。过去的10年中世界高粱播种面积稳定在4 400万hm^2，产量稳定在6 000万t（http://faostat.fao.org）。根据用途，高粱分为籽实高粱、甜高粱和饲草高粱等几种类型（Edwards et al，2004）。甜高粱不仅生物量高，且茎秆富含糖分，糖度在16%～22%，还具有非常强的适应能力和较高的生物产量，可以有效利用干旱、盐渍化和瘠薄的边际土地（Parry & Jing，2011）。与其他禾谷类作物相比，甜高粱更耐瘠薄、耐高温、抗旱、耐涝、耐盐碱等；因此，甜高粱作为一种粮食、饲草和能源作物备受关注（Rooney et al，2007）。

2009年初，美国能源部联合基因组研究所（DOE JGI）主持完成了对高粱品种BTx623基因组的测序、组装，以及初步的分析。高粱参考基因组为二倍体，有10条染色单体，基因组大小约730Mb（Paterson et al，2009）。

随后大量高粱重测序工作快速展开（Zheng et al，2011；Bekele et al，2013；Morris et al，2013；Zhang et al，2014）。随着高粱基因组测序工作的深入开展，将加速整合物理图谱及遗传图谱信息，这些有助于高粱关键遗传位点的深度挖掘和加速分子遗传育种工作。

高粱是远缘杂交不亲和作物，传统遗传育种已不能满足我们对培育高粱新品种的要求。通过遗传转化方法将控制优良农艺学性状的基因转进高粱植株，同时结合杂交育种技术，可创制适应性广，产量高的高粱优良新种质。因此，高粱遗传转化体系的建立对加速高粱遗传改良具有重要意义。

高粱是离体再生和遗传转化比较困难的作物之一，主要是外植体在再生过程中容易褐化，再生效率低，且具有很强的基因型依赖性，绝大多数基因型难以获得再生苗或转基因植株，这制约了高粱基因功能的研究以及新品种的培育。

1.1 高粱生产中存在的问题

高粱虽是耐干旱胁迫作物，但极端的干旱胁迫也会影响高粱产量。例如，2011年在索马里，由于干旱造成了高粱减产80%（Anyamba et al，2014）。开花后洪涝灾害也是影响半干旱热带地区高粱产量的主要因素（Ryan，2001）。另外，茎腐病可造成严重的高粱植株倒伏、饲草的缺失以及籽实产量低和质量差等问题（Borrell et al，2000b）。炭疽病（*Colletotrichum graminicola*）、灰斑病（*Colletotrichum graminicola*）、锈病（*Puccinia purpurea*）、细菌性条斑病（*Pseudomonas andropogonis*）、木炭腐病（*Macrophomina phaseolina*）、黑穗病（*Sphacelotheca sorghi*）等病害也影响高粱的产量和品质。同时虫害也是影响高粱产量和质量的一个重要原因，在非洲，芒蝇、蚊以及一些茎秆蛀虫往往造成高粱严重的减产。在一些地区，独角金对高粱产量的影响也不容忽视，当它附在寄主根上时可以快速生长，从而影响寄主植株的生长（Ejeta & Gressel，2007）。针对以上影响产量和品质的因素，迫切需要通过遗传学、分子生物学手段和基因组学技术找到控制这些性状的基因，利用遗传转化方法将控制这些性状的基因转进高粱植株，同时结合杂交育种技术，培育性状优异的高粱新种质。

高粱是远缘杂交不亲和作物，常规育种方法虽然在新品种培育中作出了较大贡献，然而，培育出的种质中缺乏抵抗非生物、生物胁迫以及重要农艺性状的调控基因，例如，抗虫、抗除草剂、提高产量和糖分积累的性状。因此，传统遗传育种已不能满足我们对培育高粱新品种的要求。通过遗传转化方法将控制优良农艺学性状的基因转进高粱植株，同时结合杂交育种技术，可创制抗性强、适应性广、产量高的高粱优良新种质。因此，高粱遗传转化体系的建立对加速高粱遗传改良具有重要意义。

高粱是离体再生和遗传转化比较困难的作物之一，主要是外植体在再生过程中容易褐化，再生效率低，且具有很强的基因型依赖性，绝大多数基因型难以获得再生苗或转基因植株。这制约了高粱基因功能的研究以及新品种的培育。

1.2 甜高粱再生及遗传转化体系研究进展

1.2.1 甜高粱再生体系研究进展

蘸花是最简单的遗传转化方法（Clough & Bent，1998），不需要植物组织培养，但是这种方法仅限于拟南芥和十字花科部分物种（Curtis & Nam，2001；Wang et al，2003）。有研究报道指出通过花粉管介导的方法将*bar*基因转化进高粱雄性不育植株以及将*Kan*和*GUS*基因转化进高粱植株，并获得高粱转基因阳性苗，此方法不需要组织培养过程（Wang et al，2007），但该方法转化效率低，重复性不好。所以，大多数转化方法都依赖于胚性愈伤再生的组织培养过程（Valvekens et al，1988；Anami et al，2010），这个过程是通过体细胞形态建成或器官形态建成来实现（Anami et al，2013）。因此，农杆菌介导方法或粒子轰击法进行遗传转化的关键就是建立高效的高粱再生体系，以便将我们需要的基因整合进染色体，获得转化植株。

利用幼苗组织作为外植体的高粱离体形态建成首次于1970年被报道（Masteller & Holden，1970）。随后，以成熟的种子或者幼胚作为外植体的研究也相继出现（Fromm et al，1990）。利用生长调节剂2,4-D和BAP细胞分裂素的诱导，叶片组织也被用作高粱离体组织培养的外植体（Brettell et al，1980；Wernicke & Brettell，1980；Cai et al，1987；Mishra，2003；Sudhakararao，2011）。但高粱的离体再生和遗传转化过程相对比较困难（Arulselvi & Krishnaveni，2009），主要是因为高粱离体组织培养过程中容易产生酚类化合物（Carvalho et al，2004）以及黑色或紫色色素（Brettell et al，1980），造成外植体的褐化或死亡。

基因型也是影响高粱离体再生和遗传转化的重要因素（Fukuyama，1994；Indra & Krishnaveni，2009）。目前只有为数不多的基因型获得胚性愈伤组织及再生苗，这种基因型的依赖性使得许多性状优异的基因型不能用于离体再生和转化（Gao et al，2005a）。供体材料的生长环境、生长状态、生长季节、培养基组分以及激素种类和组合都可能影响高粱离体体细胞形态建成及植株再生过程中外源基因的整合和表达（MacKinnon et al，1986；Ma et al，1987；Kumaravadivel & Rangasamy，1994；Rao et al，1995；Gendy et al，1996；Pola & Sarada，2006；Indra & Krishnaveni，2009）。因此，这些影响再生的因素使得建立和优化高粱离体培养体系尤为重要。

1970年首次报道了利用高粱幼苗产生愈伤组织进而形成器官（Masteller & Holden，1970）。随后的研究，使用成熟种子和未成熟胚胎启动高粱体细胞胚胎发生（Fromm et al，1990；Akashi & Adachi，1992），然而，这些材料都是生殖器官，因此仅限于在特定季节采集样品；虽然成熟的种子可以储存到需要的时候，但未成熟的胚必须新鲜使用，而对于田间种植的植物，这将外植体的供应限制在特定的季节（Seetharama et al，2000）。事实上，并不是所有的高粱品种都能产生胚性愈伤组织，而那些有能力产生胚性愈伤组织的高粱品种会释放影响再生效率的多酚类物质（Rao et al，1995）。利用生长调节剂2,4-二氯苯氧乙酸（2,4-D）和苄氨基嘌呤（BAP）的激素组合，叶片组织也被用作高粱再生研究的外植体（Brettell et al，1980；Wernicke & Brettell，1980；Boyes & Vasil，1984；Cai et al，1987；Bhaskaran & Smith，1988；Mishra & Khurana，2003；Anju & Ananadakumar，2005；Sudhakararao，2011）。大多数植株再生是通过体细胞胚胎发生的方式进行的，而且再生的频率和效率到目前为止都很低。因此，为了提高高粱功能基因组学水平，研发一套既不依赖于基因型也不依赖于其他影响因子的独特的高粱再生体系是非常必要的。

另一个可能影响体外细胞形态发生的因素是培养基的成分。例如，在诱导愈伤组织过程中加入活性炭可以有效减少黑色素产生及酚类物质对愈伤组织毒害作用，有利于愈伤组织的诱导和植株再生（Nguyen et al，2007）。添加L-asparagine和L-proline可以减少酚类物质的产生，从而提高高粱胚性愈伤的产生（Elkonin et al，1995）。Elkonin和Pakhomova（2000）报道称当MS和N6培养基中NO_3^-和PO_4^{3-}含量提高后可显著提高幼穗或幼胚产生胚性愈伤组织的能力以及再生出苗的效率。Sato等（2004）证实了这个结果，通过提高培养基中总氮和磷酸钾的量，基因型C2-97外植体的胚性愈伤组织诱导率得到了很大提高。另有报道称在培养基中添加1% PVP和10mg/L的维生素C可有效抑制高粱离体再生过程中酚类物质的产生（Zhao et al，2000；Gao et al，2005b），而在愈伤组织诱导培养基中添加Ag^+和Cu^{2+}离子可提高高粱愈伤组织诱导和植株再生效率（Nirwan & Kothari，2003；Liu et al，2013）。同时在其他禾本科作物离体再生体系中有利于愈伤组织产生及植株再生的培养基添加物我们也需要借鉴和优化，例如，水稻离体再生培养基中山梨醇的添加可提高愈伤组织诱导效率、质量和愈伤组织再生效率（Geng et al，2008）。

此外，在高粱体细胞胚胎发生中，原生质体、悬浮细胞系、幼胚、幼穗和茎尖分生组织均被用作外植体进行愈伤组织诱导和再生。为建立高效的植株再生体系，具有细胞全能性的外植体需要在生长旺盛、活力较好的受体植株上获得。

1.2.2 甜高粱遗传转化技术的发展

遗传转化技术是指将同源或异源的基因转移并整合进细胞基因组，精细调控新陈代谢途径，产生具有优良性状的新的遗传株系。一个遗传转化成功的例子是苏云金杆菌*Cry*基因的克隆并转入玉米和棉花中，培育成功抗虫玉米和抗虫棉新品种（Schell，1997；Pilcher et al，2002）。

目前已报道大量关于高粱遗传转化的研究。电击法是第一个成功地将氯霉素乙酰转移酶基因转入高粱原生质体的方法（Ou-Lee et al，1986）。接着新霉素磷酸转移酶和β-葡萄糖醛酸酶基因通过电击法被转入高粱基因组，但没有获得转化单株（Batrraw & Hall，1991）。Staudinger和

Kempken（2003）将拟南芥*cox2*基因通过电击法转进了高粱叶绿体中。粒子轰击法是另一种有效的、重复性高的，可将外源基因转化进植物细胞的直接转化方法，特别是对农杆菌转化表现出拮抗的物种。此后，利用农杆菌介导的遗传转化方法，借助于Vir蛋白的帮助可以将长达150kb的植物基因组转化和整合到Ti质粒然后转化进植物基因组内（Anami et al，2013）。虽然电击法和粒子轰击法可将外源基因直接转化进植物细胞，然而农杆菌介导的转化方法仍然是最主要的植物转化方法，主要是因为较高的转化效率以及较低的拷贝数或者单拷贝。

1.2.2.1 粒子轰击法

直接的粒子轰击转化方法被证明是遗传转化最有效的方法，重复性高并且可以将外源基因转入对农杆菌有拮抗反应的植物细胞内。表1-1对粒子轰击法在高粱遗传转化中的研究现状进行了总结。

Casas等（1993）首次用粒子轰击法获得高粱转基因植株，他以高粱栽培品种p898012的幼胚盾片作为外植体，获得转化*R*和*C1*玉米花青素调控基因的转化植株，转化效率达0.33%。因为花青素可以被细胞自主富集并且可以无损的进行观察，所以花青素可以被选为标记基因来优化遗传转化程序。通过对离子轰击法轰击参数包括金粒射程、氦气入口孔径、氦气枪压力、钨灯使用年限和亚精胺溶液进行优化并且利用优化的体系对*GUS*和*GFP*基因进行转化，利用叶片作为外植体，转化效率达到1%（Able et al，2001）。Girijashankar等（2005）也用粒子轰击法转化高粱基因型BTx623获得成功，通过创伤诱导型启动子，来研究*Cry1Ac*基因在高粱中的表达，并且获得理想的表型。随后研究人员用粒子轰击法转化高粱获得了很大进展（Grootboom et al，2010；Raghuwanshi & Birch，2010），特别是刘国权等（2012）以高粱栽培品种Tx430的幼胚为外植体，利用该方法将转化效率提高到20.7%。

只是除Girijashankar关于*Cry*基因的研究外，目前用粒子轰击法进行的研究多数仅包含标记基因，很少包含与农艺学性状相关的基因。虽然粒子轰击法适合较多的物种和基因型，但用此方法进行转化往往造成转基因植株复杂的整合机制和较高的拷贝数，这也是导致基因沉默和遗传不稳定性的主要因素（Ji et al，2013）。

表1-1 利用粒子轰击法进行高粱遗传转化的研究进展

Table 1-1 Sorghum transformation using particle bombardment

基因型	外植体	载体	启动子	筛选标记	报告基因/目的基因	转化效率（%）	参考文献
P898012	IM	pPHP620 pPHP687	CaMV 35S	*bar*	*GUS*， *R*，*C1*	0.33	Casas et al（1993）
Tx430，C401，CO25，Wheatland	Callus	pUC18	HBT，Ubi-1，CaMV 35S	N/A	*GUS*，*GFP*	N/A	Jeoung et al（2002）
P898012	LS Callus	pAHC20	Ubi-1，Actinl，CaMV 35S	*bar*	*GFP*， *GUS*	1	Able et al（2001）
BT × 623	SA	pJS108 pmpiCI	CaMV 35S，act1	*bar*	*GUS* *Cry1Ac*，*mpi*	1.5	Girijashankar et al（2005）
P898012	IM	pAHC25 pNOV3604	Ubi-1	*bar* *PMI*	N/A	0.11 0.77	Grootboom et al（2010）
Ramada	IM	pPHI687	Ubi-1	*Hpt II*	*R*，*C1* *LUC*	0.09	Raghuwanshi & Birch（2010）
Tx430	IM	pUKN pGEM	Ubi-1	*Npt II*	*GFP*	20.7	Liu & Godwin（2012）
KAT412	IM	pUbiHar-chit，pU-biHarcho，p35SAcS	Ubi-1	PAT	*Chiti-nase*，*chi-tosanase*	N/A	Kosambo-Ayoo et al（2013）

注：IM，幼胚；LS，叶段；SA，茎尖；*GUS*，编码β-glucuronidase蛋白；*R*、*C1*，玉米花青素*R*和*C1*调控因子；*GFP*，编码绿色荧光蛋白；*LUC*，荧光素酶基因；*Hpt* Ⅱ，潮霉素磷酸转移酶Ⅱ基因；*Npt* Ⅱ，新霉素磷酸转移酶Ⅱ基因；*PMI*，磷酸甘露糖异构酶基因；Ubi，玉米ubiquitin启动子；CaMV 35S，花椰菜花叶病毒35S启动子；*bar*，草丁膦（PAT）

1.2.2.2 农杆菌介导的高粱遗传转化

农杆菌介导的遗传转化方法是迄今为止将外源基因转入单子叶植物细胞最常用的一种方法（Shrawat & Lorz，2006；Anami et al，2013）。主要是能够获得较多的单拷贝转基因植株，降低所转基因的协同抑制作用。图1-1是Shrawat和Lorz（2006）总结的农杆菌介导的禾本科作物遗传转化的基本程序，农杆菌介导的作物遗传转化基本按照相似的程序进行，主要包括转化、共培养、筛选、再生、生根以及移栽几个主要的步骤。表1-2总结了目前农杆菌介导的高粱遗传转化体系的研究进展。下面详细阐述前人在农杆菌介导的高粱遗传转化方面的研究进展。

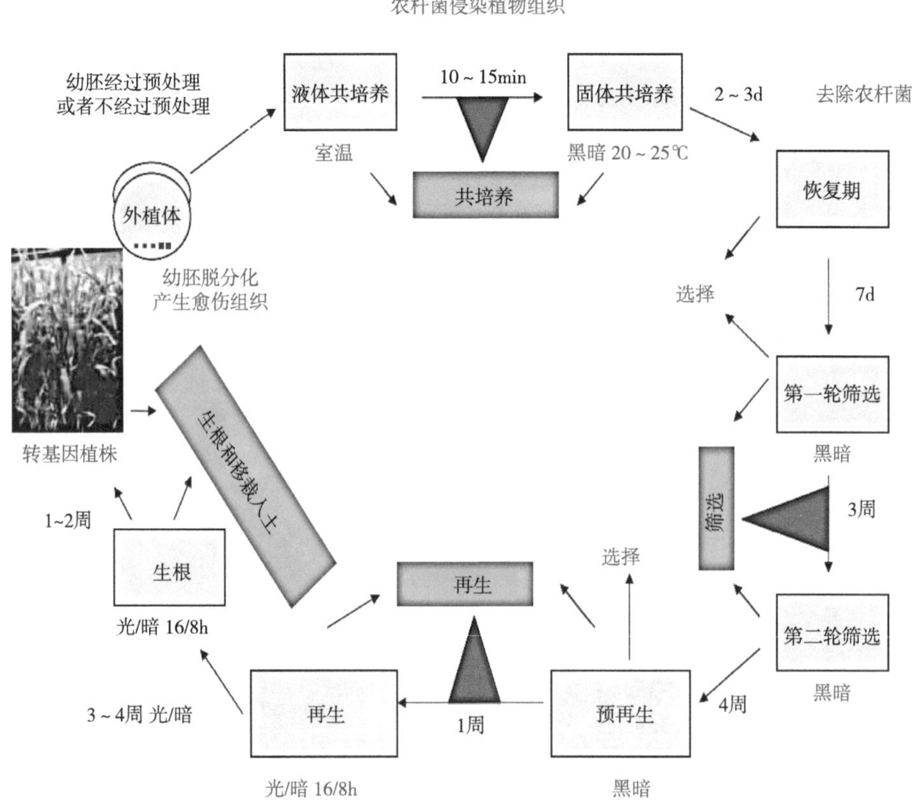

图1-1 农杆菌介导的禾本科作物遗传转化程序

Figure 1-1 General scheme for *Agrobacterium*-mediated transformation of cereal plants (Shrawat & Lorz，2006)

Zhao等（2000）首次用农杆菌介导的方法获得了高粱转基因植株；利用p898012及PH1391两个基因型的幼胚作为外植体，*bar*基因作为筛选标记，转化效率达到2.12%，在转化过程中研究人员优化了培养基成分、共培养条件以及筛选培养基的继代频率等。随后，Jeoung等（2002）研究人员以*GFP*为报告基因来优化转化过程中瞬时表达的条件，只是没有获得阳性转化植株。Carvalho等（2004）发现在共培养培养基中添加椰汁，选择生长旺盛、活力好的幼胚以及去除转化后多余的菌体都可以显著的提高幼胚的成活率及转化效率。同时双元表达载体pTOK233可能在一定程度上提高了*GUS*基因在一些高粱栽培品种中的表达。

Gao等（2005a）利用标准双元农杆菌转化载体，自然品种Tx430、C401和杂交品种先锋8505做供体材料，取授粉后9～14d的幼胚作为外植体，转化效率达到2.5%；接着他们改用*PMI*做筛选标记，先锋8505的转化效率提高到2.88%，同时C401的转化效率提高到3.30%（Gao et al, 2005b）。Howe等（2006）用一种新的农杆菌菌株C58，载体选用双元表达载体pTiKPSF，基因型Tx430和C2-97做供体材料，幼胚作为外植体，转化效率达到0.3%～4.5%。低温或者高温预处理对转化效率也有影响。Nguyen等（2007）用经过4℃预处理1d的栽培品种Sensako 85/1191的幼胚（1～1.5cm）诱导的愈伤作为外植体，达到了5%的转化效率。Gurel等（2009）在农杆菌侵染前用43℃高温处理高粱栽培品种p898012幼胚3min，然后冷却到25℃后再进行转化使转化效率从2.6%提高到7.6%。Shridhar等（2010）以*GFP*作为报告基因，以编码转座酶的*iAc*基因作为目的基因，得到了转基因植株，转化效率达4.28%。虽然很多研究人员都对农杆菌介导的高粱转化体系进行研究，但转化效率依然较低。随后，Wu等（2013）通过在恢复和筛选培养基中添加6-BA和提高Cu^{2+}的量，并用LBA4404菌株可以将转化效率提高到10%，但当菌株换作AGL1时转化效率可以高达33%，这说明了不同农杆菌菌株将T-DNA转移到植物细胞中的能力不同。Jeoung（2002）同样也利用了AGL1菌株和基因型Tx430，但是却没有达到类似的效果，说明除了菌株和基因型外，培养条件以及培养基成分等也是非常关键的。

表1-2　农杆菌介导的高粱遗传转化体系的研究进展

Table 1-2　Sorghum transformation using *Agrobacterium*-mediated transformation system

基因型	外植体	农杆菌菌株	载体	启动子	筛选标记	报告基因	转化效率（%）	参考文献
PHI391，P898012	IM	LBA4404	PHP11264，PHP11262	Ubi-1	*bar*	N/A	0.2 ~ 2.3 2.12	Zhao et al（2000）
Tx430，C401，CO25，Wheatland	IM	AGL1 EHA101 EHA105	CD3-327	CaMV 35S	*bar*	*GFP*	N/A	Jeoung et al（2002）
P898012	N/A	N/A	pZY101	N/A	*bar*	N/A	0.4 ~ 0.7	Lu et al（2009）
M 35-1	IM	LBA4404	pKU352NA	N/A	*Hpt II*	*GFP*	4.28	Shridhar et al（2010）
Tx430	IM	LBA4404 AGL1	pHP149，pHP166，pHP32269	CZ19B1，Ubi-1，Ubi-2，	*PAT*，*PMI*	*DsRed*，*YFP*	10和33	Wu et al（2013）
P898012	IM	NTL4	LCT93 LCT94	UBI CaMV 35S	*Hpt II*		N/A	Urriola et al（2014）
P898012	IM	LBΛ4404	pTOK233	CaMV 35S	*IIpt II*	*GUS*	0.8 ~ 3.5	Carvalho et al（2004）
Tx430，C401，Pio-neer 8505	IM	EHA101	pPZP201	UBI	*PMI*	*GFP*	2.4	Gao et al（2005a）
Pioneer 8505， C401	IM	EHA101	pPZP201	UBI	*PMI*	*GFP*	2.88 3.3	Gao et al（2005b）
Tx430，C2-97	IM	NTL4	pPTN290	UBI	*Hpt II*	*GFP*	0.3 ~ 4.5	Howe（2006）

（续表）

基因型	外植体	农杆菌菌株	载体	启动子	筛选标记	报告基因	转化效率（%）	参考文献
Red sorghum	IM	LBA4404	pCAMBIA1301	CaMV 35S	*Hpt II*	N/A	5	Nguyen et al（2007）
115，ICS21B	Callus	EHA105	pKUB	CaMV 35S	*Hpt II*	N/A	5.1 3.7	Zhang M Z（2008）
P898012	IM	EHA101 LBA4404	pPZP201	UBI	*PMI*	*GFP*	7	Gurel et al（2012）
P898012，Tx430，296B，C401	IM	EHA101 LBA4404	pPZP201	UBI	*PMI*	*GFP*	8.3	Gurel et al（2009）

注：IM，幼胚；*DsRed*，编码红色荧光蛋白；*YFP*，编码黄色荧光蛋白；*GFP*，编码绿色荧光蛋白；*GUS*，编码β-glucuronidase蛋白；*Hpt* Ⅱ，潮霉素磷酸转移酶Ⅱ基因；*PMI*，磷酸甘露糖异构酶基因；Ubi，玉米ubiquitin启动子；CaMV 35S，花椰菜花叶病毒35S启动子；*bar*，草丁膦（PAT）

1.2.3 农杆菌介导高粱遗传转化效率的影响因素

农杆菌介导的高粱遗传转化主要包括高粱离体再生以及农杆菌侵染两个过程，因此转化效率也主要受影响高粱再生和携带目的基因的双元表达载体整合进高粱基因组的因素的影响。下面主要介绍影响携带目的基因的双元表达载体整合进高粱基因组的因素，主要有菌株、载体和启动子的选择以及基因型依赖等几个方面。

1.2.3.1 农杆菌菌株和载体

目前报道的利用农杆菌介导的高粱遗传转化系统的最高转化效率为33%（Wu et al，2014），远低于报道的玉米（Ishida et al，2007）和水稻

（Ozawa，2009）50%的转化效率。发展高效、重复性好、不依赖于基因型的遗传转化体系是高粱遗传改良的迫切需要。利用不同的根癌农杆菌菌株和载体是影响转化效率的主要因素之一。禾本科遗传转化主要利用以下5种农杆菌菌株：LBA4404、AGL1、EHA101、EHA105和NTL4。LBA4404菌株对玉米遗传转化比较有效（Ishida et al，2007），利用LBA4404和EHA101菌株转化水稻效率较高（Hiei et al，1997），LBA4404和AGL1菌株在小麦中应用较多（Li et al，2012）。在高粱遗传转化研究中，LBA4404、AGL1、EHA101、EHA105和NTL4的利用均有报道（表1-2），但Wu等（2013）的研究表明，利用AGL1农杆菌菌株，高粱平均转化效率达33%，远远高于利用LBA4404菌株10%的转化效率，同时用AGL1农杆菌菌株以及PHP32269载体，转化效率高达49%，远高于用PHP166载体35.4%转化效率。这些结果表明，进一步优化培养基组成，使用不同的农杆菌菌株，载体和载体大小以及T-DNA传递方法（Anami et al，2013）可能会影响高粱的转化频率和效率。

1.2.3.2 基因型依赖

高粱的再生和转化能力在不同基因型间差异很大，只有少数基因型能够再生和转化，主要为籽实高粱品种p898012、Tx430和Wheatland等基因型，这表明再生和转化是由基因型决定的。因此，评估其他高粱基因型的有效转化能力是很重要的。不同品种的差异反应背后的因素仍然知之甚少，因此，关联作图和连锁作图的结合很可能发掘与再生和转化这样复杂的生物过程有关的重要基因。禾本科作物组织培养过程中的基因型依赖性和拮抗作用可能是因为转化过程外植体缺少有活力的具有细胞全能性的细胞（Hiei et al，2014）。在温室或大田条件下，为高粱栽培品种提供最佳的生长条件，利用具有分生组织活性的幼嫩外植体，结合高效的组织培养和有效的选择系统，是建立高效的基因枪法和农杆菌转化系统的关键因素。

1.2.3.3 启动子

启动子分为组成型、器官和组织特异性或细胞特异性以及诱导型启动子几类，是植物生物技术中广泛使用的重要的分子生物学工具，被广泛用于植物遗传转化程序中启动筛选标记的表达，在后代中跟踪T-DNA与目的基因的分离，并确定目的基因在后代中的表达水平和特异性（Anami et al，2013）。在植物遗传转化过程中，有很多启动子已经被研究，但是不同的启动子它的启动强度和适应性也是不同的，也就造成了在目标组织中基因的表达水平不同（Able et al，2001；Tadesse et al，2003；Kumar et al，2010）。在高粱遗传转化过程中，组成型、创伤诱导型和HOBBIT（HBT）启动子都被用于启动目标基因的表达（表1-1和表1-2），但是转化效率仍然比较低，这说明强启动子，特别是组织特异性表达或诱导型启动子以及来自其他作物或模式植物中的启动子需要被鉴定，以此来提高高粱遗传转化过程中基因的稳定表达水平和转基因研究（Coussens et al，2012）。

1.3 重组DNA技术

遗传工程也叫基因工程（Gene engineering）、基因操作（Gene manipulation）或重组DNA技术（Recombination DNA technique），主要原理是用人工的方法把生物的遗传物质，通常是脱氧核糖核酸（DNA）分离出来，在体外进行基因切割、连接、重组、转移和表达的技术。重组DNA技术是1973年由斯坦利·诺曼·科恩和赫伯特·玻意尔设计的；1974年他们发表了此技术，在这篇论文中他们描述了如何分离和放大基因或者DNA片断，然后精确地将它们导入其他细胞中，由此制造出转基因细菌（Cohen et al，1973）。沃纳·亚伯、丹尼尔·那森斯和汉弥尔顿·史密斯发明了限制酶才使得重组DNA技术得已实施，为此他们获得了1978年诺贝尔医学奖。

DNA重组技术的创立，开启了人类能动改造生物界的新纪元，推动了整个生命科学的进步，使人们有可能去深入探索更重大的一些课题。DNA重组技术极大地促进了分子生物学的发展，加快了农作物新品种的改良和培育。相信随着现代生物学研究的不断深入，更为高效的DNA重组技术或者多种DNA重组方法结合的技术将会产生并应用，这将会使人们对各个物种全基因组序列的获得及分析的能力得到进一步增强（张亚旭，2012）。

重组DNA技术经过从经典的酶切克隆法到现在的无缝克隆以及DNA共转化等方法的转变，操作更为简单快捷，成本很大程度上降低，并且适用范围更广，为我们今后高效的研究基因功能等创造了便利。

随着越来越多的植物物种全基因组测序的完成及各种基因功能注释工作的完善，大量基因需要进行功能分析。为了促进功能基因组学和作物遗传改良的发展，需要精确的方法来高效和准确地编辑植物基因组。经过科研工作者的不懈努力研究出基因组编辑技术，下面简单介绍3个应用较多的基因组编辑技术。

ZFNs：锌指核糖核酸酶（Zinc-Finger Nucleases），由一个DNA识别域和一个非特异性核酸内切酶构成。DNA识别域是由一系列Cys2-His2锌指蛋白串联组成（一般3～4个），每个锌指蛋白识别并结合一个特异的三联体碱基。与锌指蛋白组相连的非特异性核酸内切酶来自*Fok* Ⅰ的C端的96个氨基酸残基组成的DNA剪切域（Kim et al，1996）。*Fok* Ⅰ是来自海床黄杆菌的一种限制性内切酶，只在二聚体状态时才有酶切活性（Kim et al，1994），每个*Fok* Ⅰ单体与一个锌指蛋白组相连构成一个ZFN，识别特定的位点，当两个识别位点相距恰当的距离时（6～8bp），两个单体ZFN相互作用产生酶切功能。从而达到DNA定点剪切的目的。

ZFNs基因编辑功能被成功的应用在很多作物上，表1-3列出了ZFNs技术在烟草（*Nicotiana tabacum* L.）、拟南芥和玉米中的应用实例（Urnov et al，2010）。

表1-3　ZFNs技术目前在作物基因改造中的应用

Table 1-3　Endogenous genes modified by zinc finger nucleases in crops

物种	基因	方法	文献
烟草	*SuRA*，*SuRB*	寡聚体化序列设计策略	Townsend et al（2009）
拟南芥	*ABI4*，*KU80*	模块化组装	Osakabe et al（2010）
	ADH1，*TT4*	寡聚体化序列设计策略	Zhang et al（2010a）
烟草	*Chitinase*	二指模块	Cai et al（2009）

（续表）

物种	基因	方法	文献
玉米	*Ipk1*，*Zein protein 15*	二指模块	Shukla et al（2009）

TALENs：转录激活因子样效应物核酸酶（Transcription Activator-Like Effector Nucleases），是一种可靶向特异DNA序列的酶，它借助于TAL效应子，一种由植物细菌分泌的天然蛋白来识别特异性DNA碱基对。TAL效应子可被设计识别和结合所有的目的DNA序列。对TAL效应子附加一个核酸酶就生成了TALENs。TAL效应核酸酶可与DNA结合并在特异位点对DNA链进行切割，从而导入新的遗传物质。ZFNs和TALENs，已被用作设计植物基因组的生物技术工具（Podevin et al，2013；Voytas & Gao，2014），并可以通过粒子轰击和农杆菌介导的转化传递系统导入植物（Belhaj et al，2015）。然而，它们的使用由于失败率很高而受到限制，因为，至少对于ZFNs来说，识别和切割预期的DNA序列是有限的，而且设计和构建大型模块蛋白是很费力和昂贵的（Voytas，2013）。

CRISPR/Cas9：常间回文重复序列丛集/常间回文重复序列丛集关联蛋白系统（Clustered Regularly Interspaced Short Palindromic Repeats/CRISPR-associated proteins），继ZFNs和TALENs之后CRISPR/Cas9系统是另一个可精确定点编辑基因组DNA的新技术，具有设计构建简单快速等优点（Belhaj et al，2013）。目前已发现3种不同类型的CRISPR/Cas系统，存在于大约40%和90%已测序的细菌和古生菌中（Grissa et al，2007）。其中第二型的组成较为简单，以Cas9蛋白以及向导RNA（sgRNA）为核心组成。

由于此技术对DNA干扰的特性，目前被积极地应用于遗传工程中。作为基因组编辑工具，与锌指核酸酶（ZFNs）及类转录活化因子核酸酶（TALENs）同样利用非同源性末端接合（NHEJ）的机制，于基因组中产生去氧核糖核酸的双股断裂以利于剪辑。Ⅱ型CRISPR/Cas9经由遗传工程的改造应用于哺乳类细胞及斑马鱼的基因剪辑（Hwang et al，2013；Mali et al，2013）。最大的优点是其设计简单，操作容易。现在已经应用在许多模式生物当中，例如烟草（Gao et al，2015）、拟南芥（Feng et al，

2014）以及禾本科作物小麦（Upadhyay et al，2013）、玉米（Liang et al，2014）、水稻（Zhou et al，2014）和高粱（Jiang et al，2013）。CRISPR/Cas9系统对基础和应用植物学研究具有革命化的影响。

为实现超级甜高粱的育种目标，我们必须利用新的思想和技术。建立高解析度的图谱群体，同时利用各种分子生物学工具的组合，包括连锁遗传图谱、基因组关联分析图谱、定向诱导基因组局部突变技术（TILLING）、病毒诱导基因沉默（VIGS）、基因组编辑技术例如转录激活因子样效应物核酸酶（TALENs）、Ⅱ型常间回文重复序列丛集/常间回文重复序列丛集关联蛋白系统（CRISPR/Cas）和高效遗传转化系统，可以加速功能基因组学研究进程，给甜高粱育种者提供遗传学和基因组学综合的研究平台。

2　甜高粱再生体系的建立

2.1　引言

高粱是离体再生和遗传转化比较困难的作物之一，主要是外植体在再生过程中容易褐化，再生效率低，且具有很强的基因型依赖性，绝大多数基因型难以获得再生苗或转基因植株，这制约了高粱基因功能的研究以及新品种的培育。

为了建立一个适合遗传改良的再生体系，本试验选择了20个甜高粱品种和5个籽实高粱品种为试验材料，进行再生体系的建立与优化，以期找到适合组织培养的甜高粱品种。同时对105个高粱品种进行聚类分析，试图探索不同品种的遗传背景与组织培养之间的关系。

2.2　试验材料

2.2.1　植物材料

高粱再生体系建立所用品种信息详见表2-1。

表2-1　高粱品种信息

Table 2-1　Sorghum varieties

品种	原产地	高粱类型	籽粒颜色
2054	美国	甜高粱	灰
2056	美国	甜高粱	红褐
2058	美国	甜高粱	白
2064	美国	甜高粱	黄褐
2065	美国	甜高粱	淡黄
2069	美国	甜高粱	红褐
2070	美国	甜高粱	红褐
2072	美国	甜高粱	黄褐
2073	美国	甜高粱	白
2074	美国	甜高粱	红褐
2077	美国	甜高粱	黄褐
2080	美国	甜高粱	红褐
2083	美国	甜高粱	红褐
2086	中国	甜高粱	红褐
2087	美国	甜高粱	红褐
2088	美国	甜高粱	黄褐
2007	美国	籽实高粱	白
2011	美国	甜高粱	淡黄
E-Tian	俄罗斯	甜高粱	红褐
BTx623	美国	籽实高粱	白
Ji2731	中国	籽实高粱	褐
JR105	中国	籽实高粱	黄
Keller	美国	甜高粱	红褐
Mn-3025	美国	甜高粱	黄褐
871300	中国	籽实高粱	白

全基因组关联分析选用74个高粱品种，聚类分析选用105个高粱品种。其中Mn-3025和Tx430由中国农业科学院生物技术研究所黄大昉老师课题组提供，JR105由吉林省农业科学院高士杰老师课题组提供，其余由中国科学院植

物研究所景海春课题组提供。

高粱外植体的选择：幼胚，取授粉后9～12d的幼胚，大小为1～2mm；幼穗，旗叶前后2～5cm长的幼穗。

高粱再生体系培养基组成见表2-2。

表2-2 高粱再生体系培养基组成

Table 2-2 Recipe used to prepare sorghum regeneration media

成分组成	诱导培养基（g/L）	继代培养基（g/L）	分化培养基（g/L）	生根培养基（g/L）
MS	4.43	4.43	4.43	2.215
SUC	30	30	30	15
MES	0.5	0.5	0.5	0.25
L-pro	1.4	1.4	—	—
CEH	0.5	0.5	0.5	0.25
PVP	5	5	1	1
Vc	0.01	0.01	0.01	0.01
$CuSO_4$	1μM	1μM	1μM	—
Cys	0.3	0.3	0.3	—
Asp	1	1	0.15	0.15
SOR	10	10	10	—
2,4-D	0.002	0.001	—	—
6BA	—	—	0.001	—
IAA	—	—	0.001	—
IBA	—	—	—	0.001～0.001 5
pH值	5.8	5.8	5.8	5.8
Agar	9	9	11	5～6

注：MS培养基选用Phyto Technology，Murashige & Skoog Basal Medium w/Vitamins

2.2.2 分析软件及在线数据库

R语言：R由Rick Becker、John Chambers和Allan Wilks在Bell实验室共同创立。R是在GNU协议General Public Licence下免费发行的，它的开

发及维护现在则由R开发核心小组R Development Core Team具体负责。R可在Linux、MecOS及Windows等多个系统环境下运行。安装及运行说明可在Comprehensive R ArchiveNetwork（CRAN）网站上下载（http://cran.r-project.org/）。目前，R已成为统计分析中常用的程序软件之一，内含许多实用的统计分析及作图程序，并且作图程序能将产生的图片保存为各种形式的文件（jpg、png、bmp、ps、pdf、emf及pictex；具体形式取决于操作系统）。本研究中使用R语言提供关联分析运行平台及完成Q-Q plot和曼哈顿等图的绘制。

进化树构建：TASSEL 5软件和Fig tree作图软件。

美国国立生物技术信息中心NCBI：http://www.ncbi.nlm.nih.gov。

高粱基因组SNP数据库SorGSD：http://sorghumsnp.big.ac.cn/。

2.3 试验方法

2.3.1 愈伤组织诱导

将高粱幼穗或幼胚置于诱导培养基上，（25±2）℃，暗培养3周，得到初级愈伤组织，计算愈伤组织诱导效率。然后将初级愈伤组织转移到继代培养基上，（25±2）℃黑暗条件下继续培养，每2周继代一次。

2.3.2 植株再生

将胚性愈伤组织转移到分化培养基上，（25±2）℃，16h光周期［80μmol/（m^2·s）］条件下进行分化培养。经过20～30d培养后，计算绿苗形成效率。当苗高3～5cm时，将再生苗转移到生根培养基上，（25±2）℃，16h光周期［100μmol/（m^2·s）］的条件下培养生根。待小苗长到7～8cm高，且有3～5条壮根时，敞开瓶口炼苗3～5d，然后将小苗从培养基中取出，清水洗净培养基，移入花盆（营养土：蛭石比例为1：1），27℃，16h光周期［100μmol/（m^2·s）］的湿润条件下生长2周，最后将小苗转移到温室中生长直至成熟。

2.3.3　不同种植环境幼胚诱导愈伤组织的情况

以幼胚诱导愈伤较好的甜高粱品种Mn-3025为材料，追踪2013年和2014年两年温室或大田种植Mn-3025材料，统计分析其幼胚诱导愈伤情况。每年7月在温室和大田选取3～5株高粱的幼胚混合处理后，每个处理随机选取30枚大小1～2mm的幼胚进行愈伤组织诱导试验，重复3次。

2.3.4　幼穗取样标准的测定

由于高粱幼穗被叶片包被，所以合适长度的幼穗所对应的植株外部形态的确定就显得尤为重要。一般旗叶未长出时幼穗就已经开始分化，因此以3个高粱品种为材料，测量了旗叶（a）和旗下一叶（b）露出的长度（图2-1，红色横线处为起始测量位置），通过对旗叶和旗下一叶长度的分析，确定合适幼穗的取样标准。

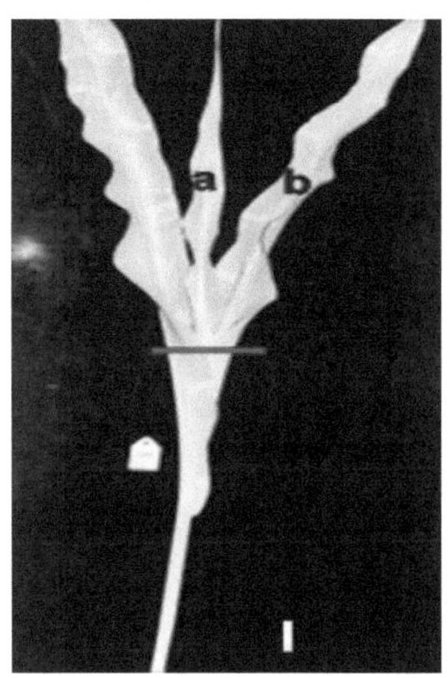

图2-1　幼穗取样标准

Figure 2-1　A diagam showing how to sample the immature inflorescence for callus induction

a：旗叶；b：旗下一叶；红线：测量a、b叶的起始位点。标尺=1cm

a：The flag leaf；b：The first leaf under the flag leaf；Red line marker：the start point of the leaf length measured. Scale bar = 1 cm. See material and methods for details

2.3.5 不同生长调节剂和培养基添加物对高粱愈伤组织的诱导及分化

以甜高粱品种Keller的幼穗为试验材料，根据表2-3不同的处理分析它们对Keller愈伤组织诱导的影响，由于是以幼穗为单位进行愈伤诱导，不能统计愈伤诱导率，因此在试验过程中只统计了每个幼穗可以产生愈伤组织的长度百分比以及每种组合愈伤的生长状态。

同时随机选取不同生长调节剂或添加剂诱导的胚性愈伤10～15个，置于分化培养基上分化出苗，统计再生效率，每个处理重复3次。

表2-3 不同生长调节剂和培养基添加物对Keller幼穗诱导愈伤组织的影响

Table 2-3 The treatments to test the effects of different growth regulators and metal ions on callus induction from Keller immature inflorescense（-/+ represents with or without the indicated components，respectively）

编号	2,4-D		Dic		Cu^{2+}		$AgNO_3$	
	1mg/L	2mg/L	1mg/L	2mg/L	0mg/L	1μM	0.85mg/L	8.5mg/L
1	-	+	-	-	-	+	-	-
2	-	+	-	-	+	-	-	-
3	+	-	-	-	-	+	-	-
4	-	-	-	+	-	+	-	-
5	-	-	+	-	-	+	-	-
6	-	+	-	-	-	+	-	+
7	-	+	-	-	-	+	+	-

2.3.6 不同激素组合愈伤组织再生情况的研究

选择细胞分裂素6-BA和生长素IAA，设计不同的激素组合，如表2-4所示。以甜高粱品种Keller和籽实高粱品种JR105和Ji2731为供体材料，研究不同激素组合对愈伤组织再生出苗的影响。每个处理选择10～15个愈伤组织，重复3次。

表2-4　分化培养基不同激素组合

Table 2-4　The treatments to test the effects of phytohormones on regeneration

不同激素组合	6-BA（mg/L）	IAA（mg/L）
1	1.0	1.0
2	1.0	0.5
3	0.5	1.0
4	0.5	0.5

2.3.7　不同PVP40浓度愈伤组织再生情况的研究

以Keller为供体材料，研究再生培养基中添加0g/L、1g/L、3g/L、5g/L、8g/L及10g/L不同浓度的PVP对高粱愈伤组织再生效率的影响。每个处理选择10～15个愈伤组织，重复3次。

2.3.8　不同继代次数Keller和JR105愈伤组织再生情况的研究

以Keller与JR105为材料，分别研究初级愈伤组织继代2次、6次和10次（每两周继代一次）对其再生效率的影响。

2.3.9　不同基因型高粱再生情况的研究

随机选取20个甜高粱品种和5个籽实高粱品种（表2-1），利用建立好的再生体系（表2-2），以幼穗或幼胚为外植体，对不同基因型高粱品种进行愈伤组织诱导及分化出苗试验，统计愈伤组织诱导及分化出苗效率；同时筛选遗传转化候选基因型。

2.3.10　105个高粱品种的聚类分析

利用23对PAVs（Presence and Absence Variants）和SSR标记（引物信息

见附录2）对105个高粱品种（包括表2-1所有高粱品种以及Tx430和p898012这两个报道较多的用于遗传转化的籽实高粱参照材料）进行基因型分型检测，统计基因型差异，利用TASSEL 5分析软件和Fig tree作图软件，对105个高粱品种进行聚类分析。

2.3.11 数据统计

愈伤组织诱导率（%）= 产生愈伤组织数量/幼胚数量 × 100。

愈伤组织出苗率（%）= 分化出苗愈伤组织数量/愈伤组织总数 × 100。

2.4 结果与分析

2.4.1 不同种植环境对幼胚诱导愈伤组织的影响

不同生长环境，供体植株幼胚脱分化产生愈伤的效率不同。Zhao等发现大田中种植的高粱材料转化效率在4.8% ~ 10.1%，远高于温室中种植材料0.9% ~ 2.1%的转化效率（Zhao et al，2000）。但Kosambo-Ayoo等认为大田环境中生物和非生物胁迫会影响外植体的状态，进而影响转化效率，在温室等人工控制的环境中，植株生长环境稳定，外植体状态好，转化效率会更高（Kosambo-Ayoo et al，2011）。

本研究以甜高粱品种Mn-3025为试验材料，统计了2013年和2014年两年在温室和大田种植条件下幼胚诱导愈伤组织的情况。如图2-2所示，在温室种植条件下，2013年和2014年Mn-3025幼胚诱导愈伤组织的效率都高达90%以上，而大田种植条件下，2013年和2014年Mn-3025幼胚诱导愈伤组织的效率分别为50%和40%。此结果与Zhao等的研究结果相矛盾，但符合Kosambo-Ayoo等人的观点，在人工控制的温室环境中，水肥条件好，病虫害胁迫少，供体材料生长状况好，因此愈伤的诱导效率更高更稳定。

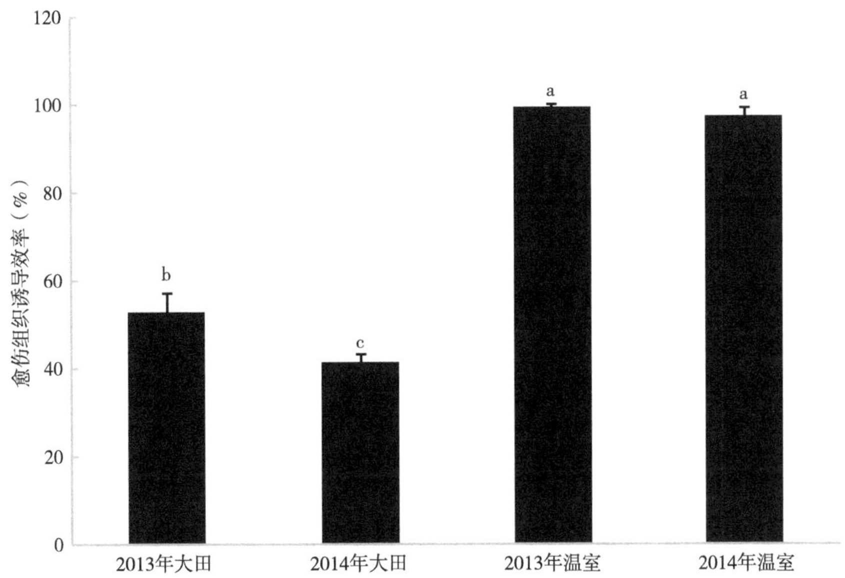

图2-2 不同种植环境对幼胚诱导愈伤效果的影响

Figure 2-2 Comparison of the efficiency of callus induction of immature embryos collected from field and glasshouse growing plants

图中不同处理为每年7月初在大田或温室取3～5株植株的幼胚，混合后随机选取30枚进行愈伤诱导试验；每个试验重复3次

Each treatment sampling 3～5 plants in the field or greenhouse In July，mix the immature embryos，and select 30 randomly for callus induction；each experiment repeats 3 times

2.4.2 幼穗取样标准确立

利用幼胚作为外植体时的取样标准一般是取授粉后9～12d的幼胚，取材前先取2～3个幼胚观察大小，选取大小在1～2mm的幼胚。但幼穗被叶片包被，长度不易观察，所以适合长度的幼穗所对应的植株外部形态就显得尤为重要。由表2-5结果显示，当旗叶露出长度小于10cm，且第十二片叶（旗下一叶）长度在8～25cm时，Keller和JR105的幼穗长度在1.5～5cm，大小合适；旗叶露出长度为5～15cm，第九片叶（旗下一叶）长度为20～30cm时，Ji2731的幼穗长度为1.5～5cm，大小合适。结合3个品种的取样标准发现，在旗叶5～10cm，旗下一叶20cm左右时几个品种所取幼穗大小均合

适，因此，所有利用幼穗作为外植体的基因型取样时均可参考此标准。

表2-5 不同基因型高粱幼穗取样标准

Table 2-5 The sampling standard of immature inflorescence in different genotypes

基因型	幼穗长1.5～3cm		幼穗长3～5cm		幼穗长5～10cm	
	倒数第二叶长（cm）	旗叶长（cm）	倒数第二叶长（cm）	旗叶长（cm）	倒数第二叶长（cm）	旗叶长（cm）
Keller	8～15	未出	15～25	0～10	N/A	10～20
JR105	5～15	未出	15～25	0～10	N/A	10～20
Ji2731	20～25	5～10	25～32	10～15	N/A	15～20

2.4.3 不同生长调节剂和培养基添加物对幼穗诱导愈伤组织及愈伤组织再生能力的影响

高粱外植体的脱分化主要是利用一定浓度的2,4-D来启动，也有报道利用Dic作为生长调节剂（Hiei et al，2014）；同时还有研究表明在培养基中添加一定浓度Cu^{2+}离子或$AgNO_3$有利于愈伤组织的诱导和再生效率的提高（Ishidai et al，2003；Nirwan & Kothari，2003；Bartlett et al，2008）。

为提高愈伤组织诱导及分化出苗的效率，采用了多种组合进行试验，结果如表2-3所示。用2mg/L 2,4-D可诱导90%以上幼穗产生愈伤组织（表2-6组合1，图2-3a），用Dic可诱导50%幼穗产生愈伤组织（表2-6组合4和5，图2-3d）；培养基中不添加Cu^{2+}离子时，所得愈伤组织有水渍化等现象（表2-6组合2，图2-3b），添加$AgNO_3$则对愈伤组织诱导无明显作用（表2-6组合6和组合7，图2-3a）。因此本研究中诱导愈伤组织最佳组合是2mg/L 2,4-D+1μM Cu^{2+}（表2-6组合1，图2-3a）；其愈伤组织（图2-3绿色箭头所指）细胞显微结构如图2-4a和图2-4c所示，细胞呈椭圆形，大而饱满，细胞间排列解密有序；图2-3红色箭头所示水渍化或褐化愈伤，细胞显微结构如图2-4b和图2-4d所示，细胞体积缩小，细胞间连接消失，与周围细胞脱离。

表2-6 不同生长调节剂及培养基添加物对Keller幼穗诱导愈伤的影响

Table 2-6 The effects of different growth regulators and metal ions on callus induction from Keller immature inflorescence

处理	2,4-D		Dic		Cu^{2+}		$AgNO_3$		结果
	1mg/L	2mg/L	1mg/L	2mg/L	0μM	1μM	0.85mg/L	8.5mg/L	
1	−	+	−	−	−	+	−	−	90%幼穗长愈伤，几乎无水渍化、褐化现象
2	−	+	−	−	+	−	−	−	90%幼穗长愈伤，约30%愈伤水渍化、褐化
3	+	−	−	−	−	+	−	−	50%幼穗长愈伤，水渍化、褐化现象不明显
4	−	−	−	+	−	+	−	−	50%幼穗长愈伤，约50%水渍化、褐化
5	−	−	+	−	−	+	−	−	30%～50%幼穗长愈伤，约50%水渍化、褐化
6	−	+	−	−	−	+	−	+	90%幼穗长愈伤，几乎无水渍化、褐化现象
7	−	+	−	−	−	+	+	−	90%幼穗长愈伤，几乎无水渍化、褐化现象

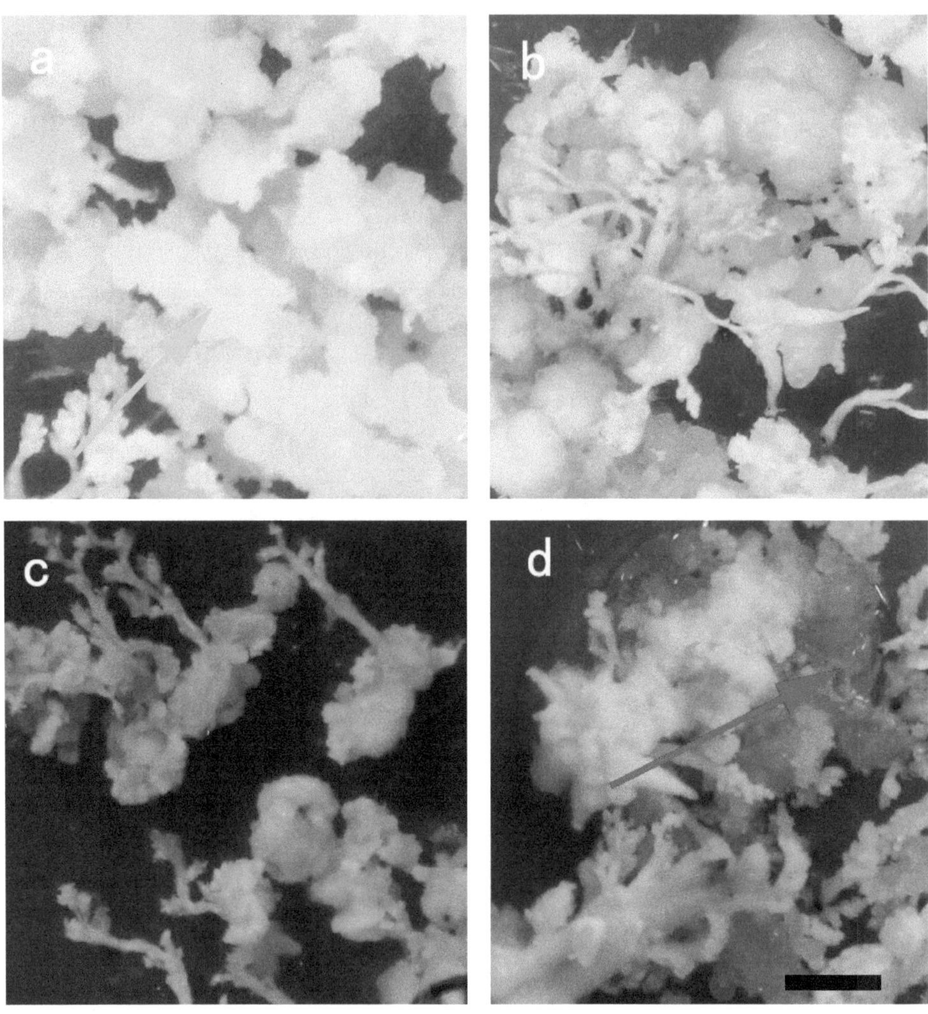

图2-3　不同生长调节剂及不同培养基添加剂对Keller幼穗诱导愈伤的影响

Figure 2-3　The effect of different growth regulators and metal ions on callus inducing from the immature inflorescence of sweet sorghum Keller

表2-6中不同组合诱导愈伤情况，a：组合1、6、7；b：组合2；c：组合3；d：组合4、5。绿色箭头：生长状态良好的愈伤；红色箭头：水渍化或者褐化的愈伤。标尺＝1cm

Representative calli images taken to illustrate the effects of treatments listed in Table 2-6. a：Treatements 1，6，7；b：Treatment 2；c：Treatment 3；d：Treatment 4，5. Green arrow，healthy callus；Red arrow，water-soaking or browning callus. Scale bar＝1cm

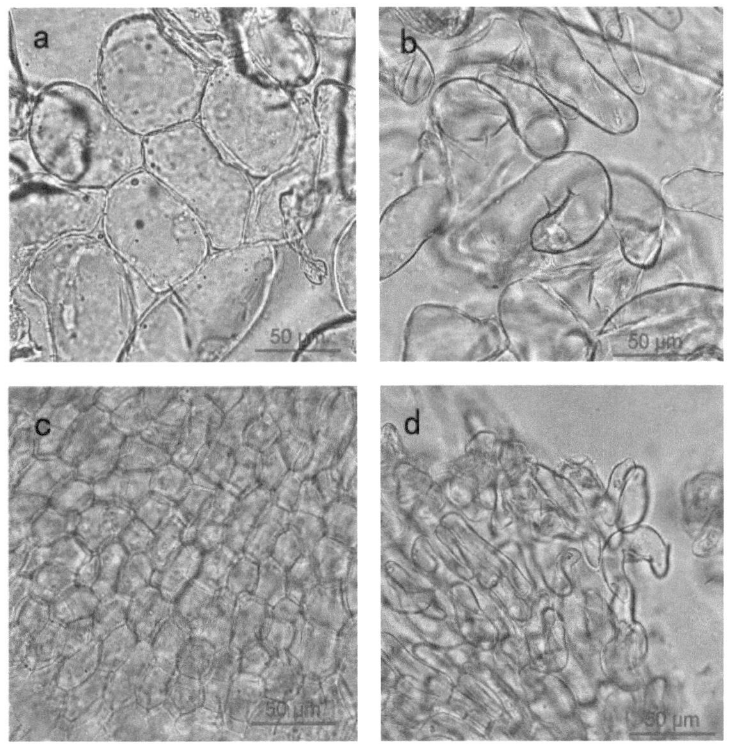

图2-4 不同生长状态愈伤的细胞状态

Figure 2-4 Microphotographs showing the cellular morphology of different calli formed following treatments with various combinations of growth regulators and metal ions

a：胚性愈伤成熟细胞；c：胚性愈伤内部细胞排列情况；
b：褐化和水渍化愈伤成熟细胞；d：褐化和水渍化愈伤内部细胞排列情况。标尺＝50μm

a：the mature cells of embryonic calli；b：the mature cells of the non-embryonic calli；
c：the cell arrangement of embryonic calli；d：the cell arrangement of non-embryonic calli.
Scale bars＝50μm

将不同组合诱导的胚性愈伤移至分化培养基上，研究其再生效率的差异，统计结果如图2-5所示，可以看出用Dic作为生长调节剂诱导出的愈伤组织再生效率非常高，与2mg/L 2,4-D（添加Cu^{2+}）相比无显著差异，甚至还略高于2mg/L 2,4-D（添加Cu^{2+}）；而添加$AgNO_3$诱导的愈伤组织再生效率反而显著低于不添加$AgNO_3$时的情况。同时发现用Dic诱导的愈伤组织产生的再生苗要比用2,4-D（添加Cu^{2+}）诱导的愈伤组织产生的再生苗生长情况好（图2-6）。通过测量其单株重和单株高发现利用Dic作为生长调节剂的再生苗单株重极显著高于利用2,4-D（添加Cu^{2+}）的情况，单株高也显著高于2,4-D（添加Cu^{2+}）的情况（图2-7）。

因此，本研究中诱导愈伤组织最佳组合是2mg/L 2,4-D+1μM Cu^{2+}；Dic虽不利于愈伤组织诱导，但其诱导的愈伤组织再生壮苗情况远优于2,4-D，考虑愈伤组织诱导阶段可将2,4-D和Dic结合使用；$AgNO_3$虽未抑制愈伤组织诱导，但抑制愈伤组织再生出苗，所以诱导培养基中不添加$AgNO_3$。

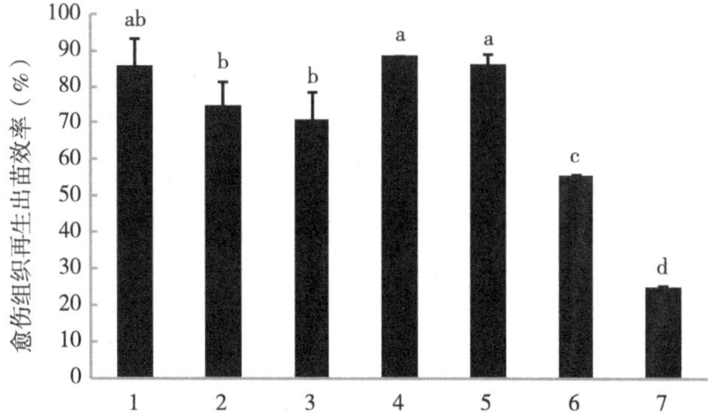

图2-5　不同生长调节剂及不同培养基添加剂诱导出愈伤后对再生情况的影响

Figure 2-5　The effect of different growth regulators and metal ions on plant regeneration

X轴数字1～7对应于表2-6中7个组合

The numbers 1～7 in X axis correspond to the seven treatments in Table 2-6

图2-6　不同生长调节剂诱导愈伤后再生情况（标尺＝1cm）

Figure 2-6　Comparison of plants regenerated from treatments with different growth regulators（Scale bar＝1cm）

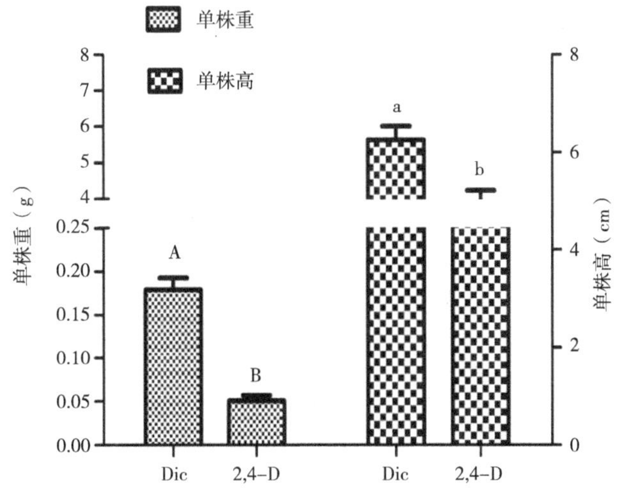

图2-7 不同生长调节剂诱导愈伤后再生苗单株重及株高差异

Figure 2-7 Compasison of the fresh weight and height of plants regenerated from treatments with different growth regulators.

每次试验取3株幼苗测量总重及株高，取平均值，重复5次

For each treatment，5 replicates of 15 plants were collected for the measurement of height and fresh weight. The valuses are shown as mean ± sd

2.4.4 不同激素组合对愈伤再生效率的影响

愈伤组织再分化出苗是高粱再生体系建立的关键环节。愈伤组织再分化主要依赖适宜生长素和细胞分裂素比例。本试验选择细胞分裂素6-BA和生长素IAA两种激素，并利用不同的激素组合来研究愈伤组织再分化的情况。

在不同的激素处理条件下，对不同高粱品种愈伤组织再分化出苗效率进行统计，结果如图2-8所示，JR105：组合1和组合4要显著高于组合2和组合3；Ji2731：组合1、组合2及组合4间差异不显著，但均显著高于组合3；Keller：组合1显著高于组合2、组合3及组合4。综合以上结果，分化培养基添加1mg/L IAA和1mg/L 6-BA更适合测试基因型Keller、JR105及Ji2731分化出苗，其中Keller和JR105分化出苗效率达80%，这与Liu等在其高粱遗传转化中所用的激素组合一致（Liu & Godwin，2012）。

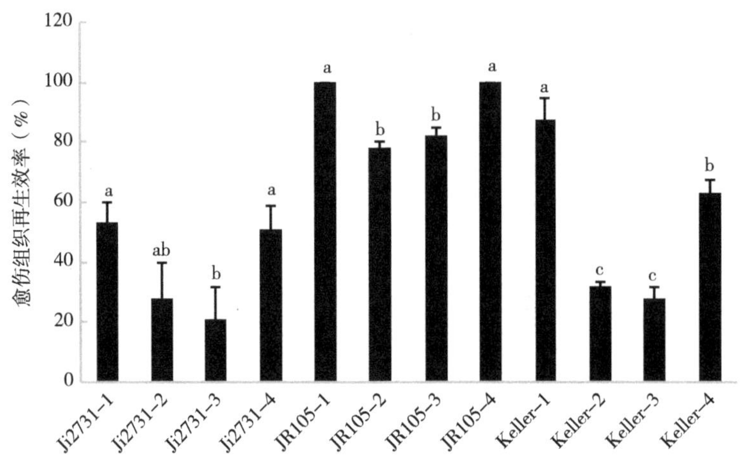

图2-8　分化培养基中不同激素组合对3品种再生的影响

Figure 2-8　The effects of four phytohormone combinations on the rate of plant regeneration in three sorghum lines

2.4.5　PVP40对愈伤组织再生效率的影响

PVP40在植物组织培养中的应用主要是防止外植体褐化，促进植株再生（Zhao et al，2000）。本研究通过在分化培养基中添加0g/L、1g/L、3g/L、5g/L、8g/L及10g/L不同浓度的PVP40，研究其对愈伤组织再生效率的影响，结果如下。

分化培养基中添加PVP40并不能降低愈伤组织在分化过程中的褐化情况，相反，与未添加PVP40的培养基比较，添加了PVP40的培养基在一定程度上反而加剧了愈伤组织的褐化，并且随着添加PVP40浓度的升高褐化情况加重（图2-9）。

通过对愈伤组织再生效率的统计，发现相比较未添加PVP40时，添加较低浓度的PVP40（1g/L）再生效率反而显著提高，随着浓度的增加，愈伤的再生率开始降低（图2-10）。

说明再生过程中PVP40可能并不能抑制愈伤褐化，但低浓度PVP40的添加可促进愈伤的再生。至于PVP40影响再生的机理还不清楚，需要更深入的研究。

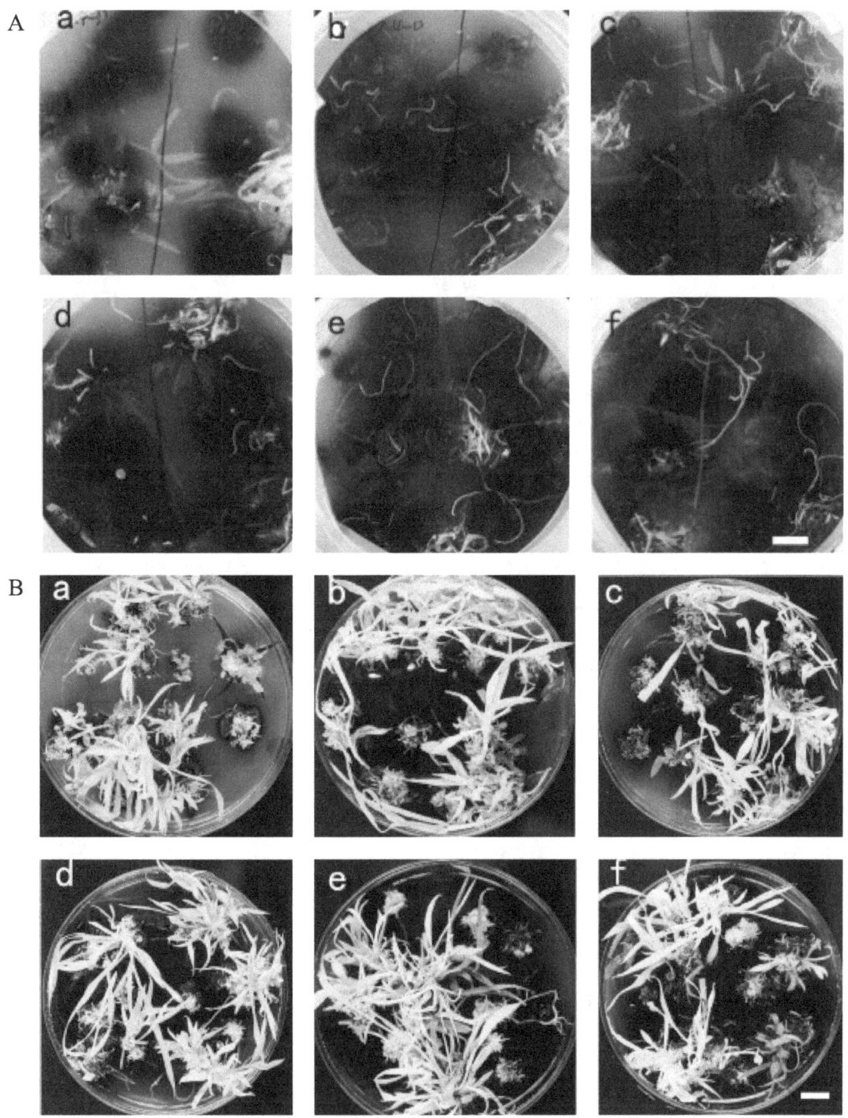

图2-9 分化培养基中不同PVP40浓度对Keller愈伤再生的影响

Figure 2-9 The effect of different PVP40 concentrations on plant regeneration

A：再生培养皿底部图，B：愈伤再生过程中褐化情况图。a：未添加PVP40；b：添加1g/L PVP40；c：添加3g/L PVP40；d：添加5g/L PVP40；e：添加1g/L PVP40；f：添加10g/L PVP40。标尺＝1cm

A：The bottom-up views of the culture dishes during sorghum plant regeneration，B：Photographs showing the callus browning during sorghum plant regeneration. a：0mg/L PVP40；b：1mg/L PVP40；c：3mg/L PVP40；d：5mg/L PVP40；e：8mg/L PVP40；f：10mg/L PVP40. Scale bar＝1cm

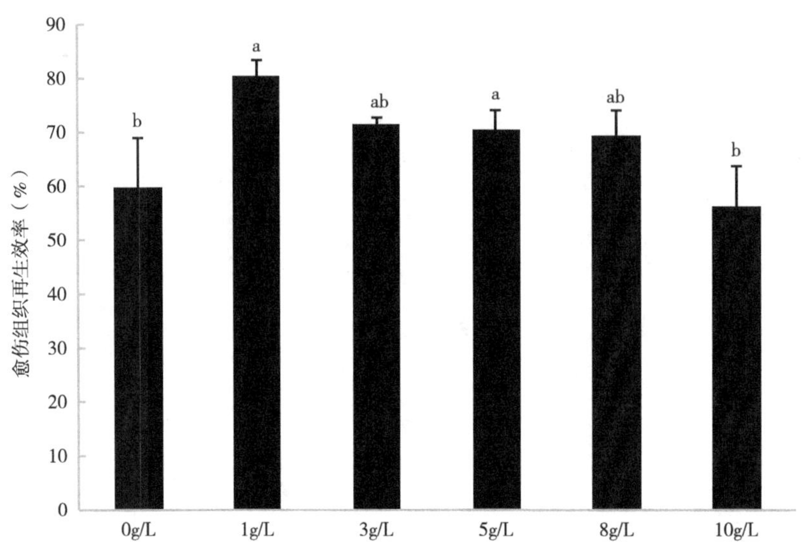

图2-10　分化培养基中不同PVP40浓度对Keller愈伤再生效率的影响

Figure 2-10　The effect of different PVP40 concentrations on plant regeneration in calli from sweet sorghum Keller

2.4.6　继代次数对Keller和JR105愈伤组织再生效率的影响

理论上愈伤组织可以无限制继代，但实际上愈伤组织经多次继代，形态发生能力逐渐丧失，主要是因为多次继代会导致愈伤组织出现染色体紊乱现象，遗传稳定性降低（李银凤，2007）。这也是利用幼穗或幼胚作为外植体进行再生受季节限制比较明显的原因。对Keller和JR105两个基因型愈伤组织继代次数对再生效率的影响进行了研究，试验设置每两周继代一次，分别继代2次、6次和10次。发现这两个品种的愈伤组织继代2次的时候再生效率最高，JR105达90%以上，Keller也在85%以上；但愈伤组织继代6次后，在0.01水平上，JR105的再生效率极显著下降，仅为12%，Keller的再生效率下降不显著，达80%；当愈伤组织继代10次后，JR105再生效率几乎为0，Keller的再生效率仍有70%左右（图2-11）。因此Keller愈伤组织可通过多次继代来保存，为高粱遗传转化提供充足的外植体，在一定程度上克服了高粱遗传转化受季节因素的影响。

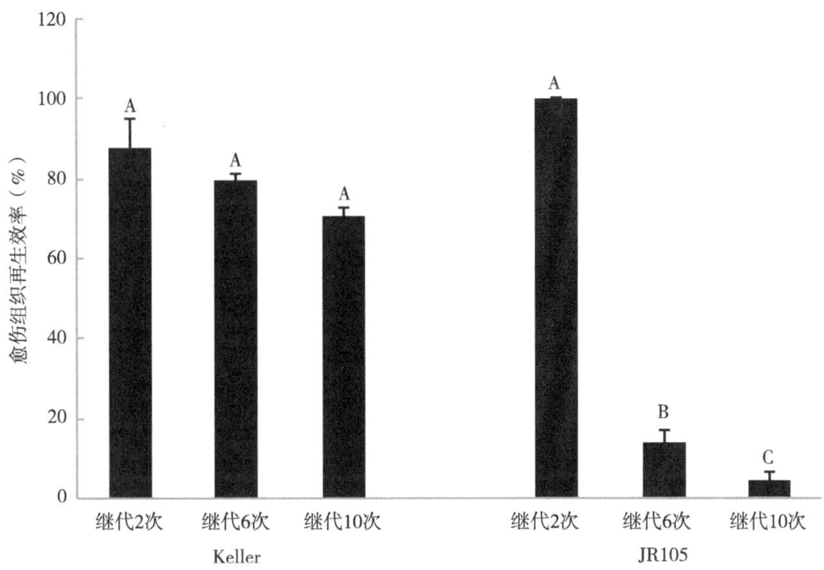

图2-11 不同基因型愈伤在继代培养基上不同的时间对再生效率的影响

Figure 2-11 The effect of different subculture times on plant regeneration in two sorghum genotypes

每个处理各选取同一时间诱导的愈伤组织10～15枚用于再生试验，计算再生效率；每个处理重复3次

Each treatment select 10～15 callus for regeneration, calculate the regeneration efficiency; Repeat three times

2.4.7 不同基因型高粱再生效率分析

为验证优化的再生体系的可行性，同时为提供遗传转化候选基因型，进行了高粱不同基因型的再生试验。随机选择20个甜高粱品种和5个籽实高粱品种为试验材料，结果如表2-7所示，25个品种均能产生愈伤组织。除E-Tian和2011这两个品种外，有23个品种可再生出苗；甜高粱品种Mn-3025和Keller，籽实高粱品种871300和JR105诱导愈伤组织和再分化效率均达到80%以上。

表2-7 不同基因型高粱诱导愈伤及出苗情况统计

Table 2-7 The callus inducing and germination of different sorghum varieties

品种	原产地	高粱类型	外植体	胚性愈伤比例（%）	再生愈伤数	出芽愈伤数	出苗愈伤数	出苗率（%）
2054	美国	甜	幼穗	20	99	78	36	36.4
2056	美国	甜	幼穗	50 ~ 80	54	51	45	83.3
2058	美国	甜	幼穗	50 ~ 80	123	99	69	56.1
2064	美国	甜	幼穗	50 ~ 80	36	9	3	8.3
2065	美国	甜	幼穗	50 ~ 80	45	45	40	88.9
2069	美国	甜	幼穗	20	33	33	29	87.8
2070	美国	甜	幼穗	20 ~ 50	42	39	36	85.7
2072	美国	甜	幼穗	20	51	33	30	58.8
2073	美国	甜	幼穗	20	96	81	48	50
2074	美国	甜	幼穗	20	48	30	30	62.5
2077	美国	甜	幼穗	50 ~ 80	102	81	69	67.6
2080	美国	甜	幼穗	20	66	66	61	92.4
2083	美国	甜	幼穗	20	54	54	49	90.7
2086	中国	甜	幼穗	>80	111	99	99	89.2
2087	美国	甜	幼穗	20	54	51	45	83.3
2088	美国	甜	幼穗	50 ~ 80	33	33	27	81.8
2007	美国	籽实	幼穗	50 ~ 80	63	33	27	42.9
2011	美国	甜	幼穗	20	12	12	N/A	N/A[a]
E-Tian	俄罗斯	甜	幼穗	20	15	15	N/A	N/A[a]

（续表）

品种	原产地	高粱类型	外植体	胚性愈伤比例（%）	再生愈伤数	出芽愈伤数	出苗愈伤数	出苗率（%）
Btx623	美国	籽实	幼穗	50 ~ 80	57	51	39	68.4
Ji2731	中国	籽实	幼穗	50 ~ 80	100	66	52	52
JR105	中国	籽实	幼穗	>80	100	100	95	95
Keller	美国	甜	幼穗	>80	100	100	85	85
Mn-3025	美国	甜	幼穗	>80	100	100	92	92
871300	中国	籽实	幼胚	>80	100	100	93	93

注：[a]为褐化致死

2.4.8 105个高粱品种的聚类分析

为了挖掘更多可以用于再生的基因型，为遗传转化提供候选基因型，选择23对PAVs和SSR引物，对实验室105个高粱品种进行基因型差异分析，利用TASSEL 5分析软件和Fig tree作图软件，对105个高粱品种进行聚类分析（图2-12），结合25个高粱品种的再生效率数据（表2-7）。结果发现105个高粱品种可聚成6类，用于再生试验研究的基因型在每一类中都有涉及。基因型Mn-3025和JR105与在高粱遗传转化中应用较多的基因型Tx430聚到一类（命名为TNJ类）；Keller和871300与在高粱遗传转化中应用较多的基因型p898012聚到另一类（命名为pK8类），并且这两类中其他再生试验涉及的大多数基因型再生效率都在80%以上。再生效率较低或为0的几个基因型2058、2073、E-Tian及2011聚到一类。

综上所述，选择甜高粱品种Mn-3025和Keller及籽实高粱品种871300和JR105作为遗传转化候选基因型；根据TNJ与pK8这两个聚类的情况，可以扩大在这两类中对再生和遗传转化候选基因型的筛选。

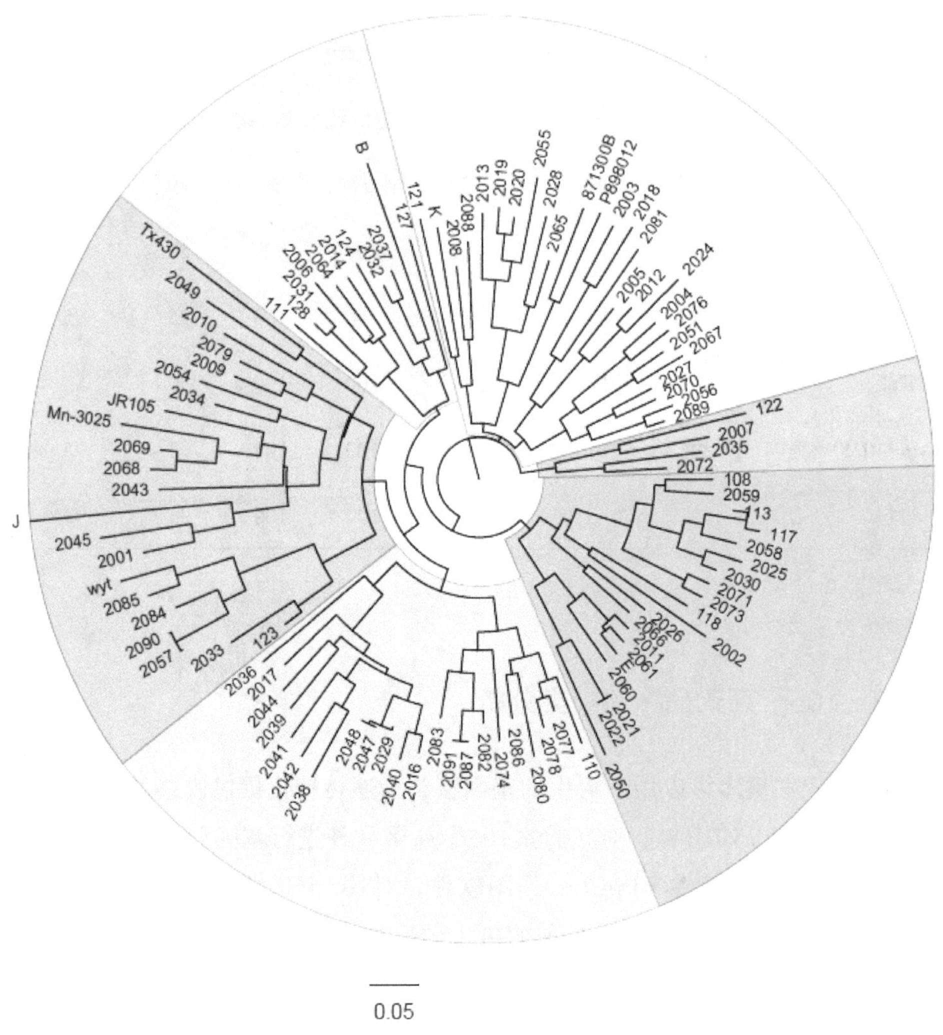

图2-12 105个高粱品种聚类分析

Figure 2-12 The phylogenetic tree of 105 sorghum varieties

23对PAVs和SSR引物对105个高粱品系进行基因型差异分析，利用TASSEL 5软件进行聚类分析，由Fig Tree做图软件作图

A set of 23 PAVs and SSR markers were used to genotype the 105 sorghum lines, and the data were used to construct the phylogentic tree by TASSEL 5. The tree was visualized using Fig Tree package. See material and methods for details

2.5 本章小结

（1）本研究中诱导愈伤组织最佳组合是2mg/L 2,4-D+1μM Cu^{2+}；分化培养基添加1mg/L IAA和1mg/L 6-BA更适合测试基因型Keller、JR105及Ji2731分化出苗，其中Keller和JR105分化出苗效率达80%。

（2）利用该体系所有25个测试基因型均能产生愈伤组织，并有23个基因型再生出苗；籽实高粱品种JR105和871300以及甜高粱品种Keller和Mn-3025愈伤诱导情况及再生率均在80%以上；本试验条件下该再生体系适应大多数基因型。

（3）23对PAVs引物对105个高粱品种进行聚类分析，105个品种聚为6类，其中再生效率较高的Mn-3025和JR105与在高粱遗传转化中应用较多的基因型Tx430聚到一类（命名为TMJ类）；Keller和871300与在高粱遗传转化中应用较多的基因型p898012聚到另一类（命名为pK8类）；提供了甜高粱品种Mn-3025和Keller以及籽实高粱品种871300和JR105等候选基因型用于高粱再生及遗传转化。

3　甜高粱遗传转化体系的建立

3.1　引言

甜高粱是籽实高粱的一个变种，它的生长过程中需水量较低，仅为玉米的1/3，并且耐贫瘠、耐盐碱，且亩产可达3 ~ 5t粮食，同时它的茎秆中的汁液含有丰富的糖类，是制造酒精的理想生物质原料。因此甜高粱是一种优秀的生物新能源作物，值得我们大力去发展。但是甜高粱产业的发展与突破关键在于新种质的选育与栽培。过去的几十年传统常规育种在甜高粱品质改良、产量提高等方面已经做了重要的贡献，但由于高粱的远源不亲和性，只靠传统的常规育种方法难以取得重大突破，需要与遗传转化技术结合。利用遗传转化技术进行高粱品种的遗传改良早已引起广泛的关注与研究。一个高效的遗传转化体系最主要的是依赖于高效的再生体系，但是，离体组织培养进行高粱再生是一个公认的比较困难的过程（Zhu et al，1998），特别是对甜高粱组织培养的研究更少，因此本研究的目的是建立一个适应性广，对多数基因型效率高的高粱（特别是甜高粱品种）再生体系，同时在这个基础上建立一个效率较高的高粱遗传转化体系。

3.2 试验材料

3.2.1 植物材料

高粱遗传转化体系建立所用品种：甜高粱品种Mn-3025和Keller，籽实高粱品种JR105。

高粱外植体的选择：幼胚，取授粉后9～12d的幼胚，大小为1～2mm；幼穗，旗叶前后2～5cm长的幼穗。

3.2.2 菌株和载体

（1）大肠杆菌（*Escherichia coli*）菌株为DH5α。

（2）高粱转化所用农杆菌（*Agrobacterium tumefaciens*）菌株为EHA105。

（3）洋葱转化所用农杆菌菌株为GV3101。

（4）表达载体：pCambia3300-*GUS*/*GFP*，pTF102-*GUS*以及CRISPR/Cas9系统中相关载体（pEntry-OsU3B-sgRNA为入门载体，pOs-cas9为表达载体）。

3.2.3 常用培养基

3.2.3.1 细菌培养基

（1）LB液体与固体培养基。胰蛋白胨10g，酵母提取物5g，NaCl 10g，溶解于ddH_2O中，用1M NaOH调pH值至7.0，定容至1L；固体培养基加琼脂15g/L。

（2）YEB液体与固体培养基。牛肉浸膏5g，蛋白胨5g，酵母提取物1g，$MgSO_4 \cdot 7H_2O$ 0.9g，蔗糖5g，溶于ddH_2O中，用1M NaOH调节pH值至7.4，定容至1L；固体培养基加琼脂15g/L。

3.2.3.2 高粱遗传转化体系所用培养基

高粱遗传转化所用培养基如表3-1所示。

表3-1 高粱遗传转化所用培养基

Table 3-1 Recipe used to prepare sorghum transformation media

成分	侵染培养基（IM）[a]（g/L）	共培养基培养基（COM）（g/L）	诱导培养基（CIM）（g/L）	筛选培养基（SM）（g/L）	分化培养基（RM）（g/L）	生根培养基（RT）（g/L）
MS	4.43	4.43	4.43	4.43	4.43	仅大量元素减半
SUC	68.5	20	30	30	30	15
GLU	36	10	—	—	—	—
MES	0.6	0.6	0.5	0.5	0.5	0.25
L-pro	—	1.4	1.4	1.4	—	—
CEH	0.5	0.5	0.5	0.5	0.5	0.25
PVP	5	5	5	5	1	1
Vc[a]	0.01	0.01	0.01	0.01	0.01	0.01
$CuSO_4$[a]	—	1μM	1μM	1μM	1μM	—
Cys	—	0.3	0.3	0.3	0.3	—
Asp	—	—	1	1	0.15	—
SOR	—	—	10	10	10	—
2,4-D[a]	0.002	0.002	0.002	0.001 5 ~ 0.001	—	—
6BA[a]	—	—	—	—	0.001	—
IAA[a]	—	—	—	—	0.001	—
IBA[a]	—	—	—	—	—	0.001 ~ 0.001 5
AS[b]	200μM	200μM	—	—	—	—
草铵膦[a]				0.003 ~ 0.005	0.003	0.003
羧苄青霉素[a]	—	—	0.2	0.2	0.1	0.05 ~ 0.08
pH值	5.2	5.8	5.8	5.8	5.8	5.8
Agar	—	9	9	9	11	5 ~ 6

注：MS培养基选用Phyto Technology，Murashige & Skoog Basal Medium w/Vitamins；[a]为需要过滤除菌；[b]为无需除菌，培养基使用前提前加入，其余培养基可高压灭菌

3.2.4 各种仪器设备

PCR仪（9902型，美国ABI公司）；

电子天平（AL104，瑞士METTLER TOLEDO公司）；

分析天平（BS124S，德国Sartorius公司）；

pH计（Basic pH Meter PB-10型，德国Sartorius公司）；

涡旋振荡器（5424，德国Ika公司）；

双人超净工作台（ZHJH-C1112B，上海智城分析仪器制造有限公司）；

高通量组织研磨器（CK1000，北京Thmorgan公司）；

超纯水仪（TTL-1，北京同泰联有限公司）；

超低温冰箱（ULT1386-3-V41，美国Thermo Fisher公司）；

高压灭菌锅（BL-50A，上海博讯公司）；

金属浴（H_2O^3-100C，金银杏生物科技有限公司）；

定时双向磁力搅拌器（RHb1，德国IKA公司）；

全自动新型生化培养箱（SPX-150B-Z，上海博讯有限公司）；

小型台式离心机（centrifuge 5424，德国汉堡eppendorf公司）；

制冰机（F100 Icematic，意大利ICEMATIC公司）；

凝胶成像分析仪（JY04S-3D，君意东方公司）；

电泳仪（Powerpac™ Basic，北京六一仪器厂）；

电击仪（MicroPulser，美国Bio-red公司）；

全温振荡器（THZ-C-1，太仓市实验设备厂）；

低温离心机（Centifuge 5810R，德国Eppendorf公司）；

旋涡混合器（QL-901，海门市其林贝尔仪器制造有限公司）；

体式显微镜（Q03-13992，CEWEI公司）；

以上仪器均由中国科院学植物研究所北方资源重点实验室景海春实验室提供。

荧光体式显微镜（Leica，德国徕卡公司）；

激光共聚焦显微镜（激光共聚焦/TIRF显微镜Leica TCS SP5，德国徕卡公司）；

以上仪器由中国科学院植物研究所植物分子生理学重点实验室提供。

3.2.5 化学试剂

3.2.5.1 试剂

试验中所使用的各种限制性内切酶、DNase I以及RNase A等购自New England Biolabs、Promega、Takara及鼎国等生物工程公司；植物激素（2,4-D、麦草畏、6-BA、IAA及IBA等）、抗生素（卡那霉素、利福平及壮观霉素等）及乙酰丁香酮（AS）购自Sigma公司。

琼脂糖凝胶DNA回收试剂盒和质粒DNA小提试剂盒购自擎科生物有限公司；草铵膦（有效成分双丙氨膦）购自北京科创汇达公司；10%Basta溶液（有效成分草铵膦）购自生工生物公司；KOD-Plus-Neo DNA polymerase购自TOYOBO公司；LR ClonaseTM Ⅱ Enzyme Mix（LR Mix）购自Invitrogen公司；MS培养基（Murashige & SkoogBasal Medium w/Vitamins）购自Phyto Technology公司；牛肉浸膏（AOBOX公司）；胰蛋白胨（生工生物公司），酵母提取物（OXOID公司）。

3.2.5.2 溶液配制

（1）1M Tris-HCl。将121.1g Tris溶解于800mL ddH_2O中，加入浓盐酸（约60mL），调节pH值至8.0，加ddH_2O定容至1L，高温高压灭菌。

（2）0.5M EDTA。将9.306g EDTA溶解于40mL ddH_2O中，在磁力搅拌器上剧烈搅拌，用NaOH调节溶液pH值至8.0，定容至50mL，高温高压灭菌备用。

（3）40%甘油。将40mL甘油注入60mL ddH_2O中，混匀定容至100mL，高温高压灭菌备用，工作浓度为20%（V/V）。

（4）100mM乙酰丁香酮。将196mg乙酰丁香酮用DMSO溶解定容至10mL，工作浓度为100μM。

（5）1M MES。39.04g MES，溶于10mL ddH_2O中，NaOH调pH值至5.6，过滤除菌；工作浓度为10mM。

（6）70%乙醇。用无水乙醇进行稀释。

（7）2%次氯酸钠。有效浓度8%的次氯酸钠稀释4倍。

（8）抗生素的配制。

①50mg/mL卡那霉素。溶解1g卡那霉素于足量水中，定容至20mL，分装成1mL小份-20℃贮存，工作浓度为50μg/mL。

②100mg/mL氨苄青霉素。溶解1g卡那霉素于足量的ddH$_2$O中，定容至20mL，过滤除菌，分装成1mL小份于-20℃贮存备用；工作浓度为100μg/mL。

③50mg/mL壮观霉素。称取5g壮观霉素，溶解于ddH$_2$O中，定容至100mL，分装成1mL小份-20℃贮存备用，工作浓度为50μg/mL。

④50mg/mL利福平。称取2.5g利福平，加入40mL DMSO，振荡溶解定容至50mL，分装成1mL小份于-20℃贮存，工作浓度为50μg/mL。

⑤TAE电泳缓冲液（50×）。称取242g Tris碱于烧杯中，加入800mL ddH$_2$O，充分溶解后依次加入57.1mL冰醋酸、100mL 0.5M EDTA（pH值8.0），溶解混匀，定容至1L，工作浓度为1×TAE。

⑥10mg/mL EB母液。将0.5g EB用磁力搅拌器搅拌溶解于40mL ddH$_2$O中，加ddH$_2$O定容至50mL，4℃避光保存，工作浓度为0.5μg/mL。

（9）GUS染色液。GUS染色液配方，如下所示：

0.5M	EDTA	100μL
0.5M	Na_2HPO_4	784μL
1M	NaH_2PO_4	185μL
100mM	$K_4Fe(CN)_6$	25μL
100mM	$K_3Fe(CN)_6$	25μL
10%	Triton-X100	50μL
20mg/mL	X-Gluc	100μL
	加ddH$_2$O定容至	5mL

配好的GUS染色液分装后-20℃保存。

（10）X-Gluc的配制。将20mg X-Gluc溶于1mL DMSO中配成20mg/mL的母液，-20℃保存。

（11）高粱基因组提取缓冲液配制。CTAB 4g，NaCl 16.364g，1M

Tris-HCl 20mL（pH值8.0）以及0.5M EDTA 8mL（pH值8.0），溶解于ddH_2O中并定容至200mL，使用前加1%β-巯基乙醇。

3.2.6 分析软件及在线数据库

R语言：R由Rick Becker、John Chambers和Allan Wilks在Bell实验室共同创立。R是在GNU协议General Public Licence下免费发行的，它的开发及维护现在则由R开发核心小组R Development Core Team具体负责。R可在Linux，MecOS及Windows等多个系统环境下运行。安装及运行说明可在Comprehensive R ArchiveNetwork（CRAN）网站上下载（http://cran.r-project.org/）。目前，R已成为统计分析中常用的程序软件之一，内含许多实用的统计分析及作图程序，并且作图程序能将产生的图片保存为各种形式的文件（jpg、png、bmp、ps、pdf、emf及pictex，具体形式取决于操作系统）。本研究中使用R语言提供关联分析运行平台及完成Q-Q plot和曼哈顿等图的绘制。

进化树构建：TASSEL 5软件和Fig tree作图软件。

美国国立生物技术信息中心NCBI：http://www.ncbi.nlm.nih.gov。

高粱基因组SNP数据库SorGSD：http://sorghumsnp.big.ac.cn/。

3.3 试验方法

3.3.1 甜高粱遗传转化体系建立

3.3.1.1 载体构建

（1）pCAMBIA3300-*GFP*载体构建。pCAMBIA3300-*GFP*载体通过无缝克隆的方法将*GFP*基因连入pCambia3300-*GUS*载体中。设计正向引物pH7FWG2-*GFP*F和反向引物pH7FWG2-*GFP*R（表3-2），以pH7FWG2-*GFP*质粒为模板扩增*GFP*序列，用无缝克隆（GB clonart试剂盒）的方法将扩增产物连入用*BamH* Ⅰ和*Sac* Ⅰ双酶切的质粒pCambia3300-*GUS*中。连接

产物转化DH5α，挑选阳性酶切和测序验证，菌液保存备用，质粒转化农杆菌EHA105，提取阳性克隆，保菌备用。

表3-2 pCAMBIA3300-*GFP*载体构建所用引物列表

Table 3-2 Primers used for plasmid construction

引物名称	引物序列（5′-3′）
pH7FWG2-*GFP*F	AGGTCGACTCTAGAGGATCCATGGTGAGCAAGGG CGAGG
pH7FWG2-*GFP*R	GATCGGGGAAATTCGAGCTCTTACTTGTACAGCT CGTCCATGC

（2）pCAMBIA3300-*GFP*载体活性的快速检测。将构建的pCAMBIA3300-ubi-*GFP*用农杆菌介导法转化洋葱内表皮细胞，观察其活性。具体操作如下：将携带pCAMBIA3300-ubi-*GFP*载体的农杆菌接种到10mL YEB液体培养基中（体积比1：100；含有50μg/mL利福平和50μg/mL卡那霉素），28℃ 200r/min摇过夜；将菌液再次转接到新鲜的10mL YEB液体培养基中（体积比1：10），28℃ 200r/min摇4～6h；将菌液室温4 000r/min离心6min，倒掉上清，用侵染培养基（表3-1）将菌体重悬浓度至OD_{600} = 0.3～0.5。

在超净工作台中将洋葱鳞茎纵切成两半，选择中间靠内层的洋葱鳞叶并在其内表皮轻划成约1cm^2的方块；洋葱内表皮在2mL离心管中农杆菌侵染10～20min；侵染完成后将洋葱表皮靠近叶肉的一侧朝下放到共培养培养基上（表3-1）；（20±2）℃光下共培养24h后在激光共聚焦显微镜（Leica TCS SP5）下观察。

3.3.1.2 外植体的准备

本研究共利用两种外植体，一种是以幼穗诱导的愈伤组织作为外植体，详见2.3.1。另一种是经过预培养的幼胚；将1～2mm的幼胚放到诱导培养基上（25±2）℃暗培养5～7d，直至盾片处有愈伤组织开始出现时为止。

3.3.1.3 农杆菌侵染液的制备

（1）将携带双元载体的农杆菌接种到10mL YEB液体培养基中（体积

比1：100；含有50μg/mL利福平以及50μg/mL卡那霉素或50μg/mL壮观霉素），28℃，200r/min过夜培养。

（2）重复步骤1（菌液中添加100μM的AS）。

（3）将菌液再次转接到新鲜的10mL YEB液体培养基中（体积比1：10；100μM AS），28℃，200r/min震荡培养4～6h；菌液低温4 000r/min离心5～6min，弃上清，用侵染培养基IM（100μM AS）重悬菌体至OD_{600}=0.1。

3.3.1.4 农杆菌侵染过程

（1）50mL离心管中用菌体浓度OD_{600}=0.1的菌液侵染高粱外植体10min。

（2）将浸染后的外植体转移到无菌吸水纸上，吸干愈伤组织或幼胚表面多余的菌液。

（3）将外植体放到共培养培养基上，20℃黑暗培养3～5d，然后转移至恢复培养基上恢复培养1周。

3.3.1.5 愈伤组织筛选和植株再生

（1）恢复后的愈伤组织放到筛选培养基上，黑暗条件下筛选两轮，每轮两周。

（2）将筛选后的愈伤组织放到恢复培养基上，黑暗培养一周。

（3）恢复后的愈伤组织放到分化培养基上（含筛选剂）分化出苗，光照周期为16h/8h（光/暗）。

（4）将转化苗（苗高3～5cm）转移至生根培养基（含筛选剂）上，生根。

（5）有3～5根壮根的转化苗，经炼苗后移栽入土（营养土：蛭石＝1：1），1～2周后将成活的转化苗移到24cm×20cm（直径×高）的大花盆内，直到结籽收获。

3.3.1.6 分化阶段草铵膦筛选压的确定

（1）愈伤组织选择。选择质地松脆，颜色鲜亮，生长状况良好的甜高粱Keller胚性愈伤组织。

（2）将胚性愈伤组织移至含不同浓度草铵膦筛选剂的分化培养基中，设立0mg/L、1mg/L、3mg/L及5mg/L 4个筛选浓度梯度，每个浓度梯度设置3个重复，每个重复包含10块愈伤，筛选2周。以培养基中不添加草铵膦（0mg/L）的处理为阴性对照，分化30d后观察愈伤再生情况。

（3）组培条件：温度为（25±2）℃，光照周期为16h/8h（光/暗），光强为100μmol/（$m^2 \cdot s$）。

3.3.1.7 高粱基因组DNA提取

（1）取适量叶片，用液氮研磨成粉，迅速称取1g加入到预冷的2mL无菌离心管中。

（2）向离心管中加入750μL 2×CTAB buffer，充分混匀，65℃水浴1h。

（3）待离心管冷却至室温，加入5μL RNase A（10mg/mL），室温反应30min。

（4）加入750μL酚/氯仿/异戊醇（25：24：1），涡旋混匀至乳浊液，室温处理10～15min。

（5）室温8 000r/min，离心15min。

（6）转移上清液至新离心管中，加入等体积氯仿，上下颠倒数次，室温12 000r/min离心15min。

（7）转移上清至新离心管中，加入等体积异丙醇，上下轻柔颠倒数次，-80℃静置1h。

（8）室温12 000r/min离心15min，弃上清液。

（9）70%酒精漂洗沉淀2次，室温干燥，直到离心管内无酒精残留，加100μL ddH_2O溶解DNA，0.8%的琼脂糖凝胶电泳检测DNA质量。

3.3.1.8 高粱总RNA提取及cDNA合成

RNA提取，参照北京华越洋生物科技有限公司的植物RNA提取试剂盒方法，提取步骤如下。

（1）将植物组织样品使用液氮研磨法破碎，研磨完后用RNase-free离心管装取50～100mg样品后加入1mL细胞裂解液。

（2）吸取1mL匀浆物转移至干净的1.5mL RNase-free离心管中。

（3）在离心管中加入300μL的去蛋白液（取下层溶液）和200μL氯仿，在振荡器上振荡30s混匀。

（4）室温12 000r/min离心10min。分层后，小心将上清液700μL转移到另一干净的1.5mL RNase-free离心管中，下层有机相和中间层含有DNA、蛋白质和其他杂质，转移时避免触及。

（5）加入等体积的漂洗液，充分颠倒混匀，将混合物分两次加入一个离心吸附柱中，12 000r/min室温离心1min，弃穿透液。

（6）加500μL洗柱液，12 000r/min室温离心1min，弃穿透液。再加入500μL洗柱液，重复一遍。然后再12 000r/min室温离心1min以去除残留的液体。

（7）将5μL的RNase-free DNase Ⅰ加入到45μL DNase buffer中，在离心管中混匀，加入到离心吸附柱膜中央，室温放置15min。

（8）直接在离心吸附柱中加入500μL去酶液，盖上管盖颠倒混匀，12 000r/min室温离心1min，弃穿透液。加入500μL去酶液，重复一遍。然后再12 000r/min室温离心2min，避免残留的乙醇影响RNA的使用。

（9）将离心吸附柱转移到无RNA酶的1.5mL RNase-free离心管中，加入50μL RNA洗脱液，室温放置5min。12 000r/min室温离心1min，所得离心管中溶液即为RNA样品，使用Nanodrop分光光度计检测提取RNA的浓度和纯度，用2%的琼脂糖凝胶电泳检测RNA的完整性，存放于-80℃备用。

（10）cDNA合成。第一链cDNA的合成引物为Primer Mix［Random Primer和Oligo（dT）Primer的混合引物］，使用TOYOBO公司的cDNA的第一链合成试剂盒，操作步骤完全按照试剂盒说明书进行。

①RNA变性。RNA在65℃条件下热变性5min，然后立即置于冰上。

②转录体系反应液配制。5×RT buffer 2μL，RT enzyme mix 0.5μL，Primer Mix 0.5μL，RNA 1～2μg，RNase-free H_2O补足至10μL。

③反转录程序设置：37℃ 20min，98℃ 5min。

④cDNA于-20℃保存备用。

3.3.1.9 转基因植株半定量RT-PCR

以高粱中*actin*基因为内参基因，依据内参基因的表达量调整各个试验样品cDNA模板的加样量。直到不同样品间*actin*基因的表达量一致时，用同样的模板量进行*bar*基因片段的扩增。

PCR反应体系为15μL，具体如下：

2×Taq Mix	7.5μL
引物F（10μM）	0.5μL
引物R（10μM）	0.5μL
ddH_2O	aμL
cDNA	bμL
总体积	15μL

PCR反应条件为：95℃预变性2min，95℃变性30s，Tm退火30s，72℃延伸30s，30个循环，最后72℃延续10min。

*actin*基因扩增循环数为25～28个循环，目的基因*bar*扩增循环数为30～32个循环。1.5%的琼脂糖凝胶进行PCR扩增产物电泳检测，紫外成像系统下拍照，进行半定量表达分析。

3.3.1.10 转基因高粱GUS染色，GFP绿色荧光检测及除草剂抗性检测

（1）GUS染色。将待测样品放入丙酮溶液中固定1h，然后抽真空。用未加X-Gluc的缓冲液漂洗两遍，将材料浸泡在GUS染色液中，37℃温育数小时至过夜，70%乙醇漂洗脱色数次，体式显微镜下观察染色结果。

（2）GFP绿色荧光检测。已转化GFP绿色荧光蛋白的愈伤组织块放于荧光体式显微镜下观察。

（3）Bar试纸条检测。取100mg待检测植株叶片于1.5mL离心管中，加500mL试剂盒所带缓冲液，用研磨棒将叶片充分磨碎，插入检测条，1min

后观察BAR蛋白表达结果。

（4）叶片涂抹Basta抗性检测。含有*bar*基因的植株可以特异性降解除草剂Basta，使植株免受除草剂危害。利用转基因植株抗Basta的特性可以对获得的转基因苗进行检测。

将Basta原液（有效成分100g/L草铵膦）稀释500倍，与羊毛脂等体积混合，用棉签蘸取呈膏状的混合物涂抹5叶期转基因高粱再生苗的第4叶中部约1cm^{2}的区域，用记号笔在叶片上做好标记。以非转基因苗作为阴性对照。正常条件下培养一周，观察叶片涂抹区域受伤害情况。

3.3.2 洋葱瞬时转化程序

洋葱表皮细胞的侵染和共培养程序依据农杆菌介导的高粱转化的程序进行（Zhao et al，2000；Gurel et al，2012）。将携带双元载体的农杆菌接种到10mL YEB液体培养基中（体积比1∶100；含有100μg/mL利福平、50μg/mL卡那霉素或者100μg/mL壮观霉素，10mM MES，100μM乙酰丁香酮），28℃ 200r/min摇过夜；将菌液再次转接到新鲜的10mL YEB液体培养基中（体积比1∶10；10mM MES，100μM乙酰丁香酮），28℃ 200r/min摇4h；将菌液4℃低温4 000r/min离心6min后倒掉上清，用侵染液将菌体重悬致浓度OD_{600} = 0.1～0.5。侵染培养基为IM培养基（表3-1）。

将洋葱鳞茎在70%乙醇中灭菌10min（图3-1a），在无菌条件下，洋葱鳞茎被切成两半（图3-1b），洋葱内表皮被轻轻的划许多约1cm^{2}的方块（图3-1c）。5～10块洋葱表皮块放到含有菌体的3种不同的侵染培养基中（侵染液IM放在2mL离心管中）（表3-1，图3-1d），轻轻晃动，侵染10～20min。侵染后将洋葱表皮靠近叶肉的一侧朝下放到共培养培养基上（COM）（Zhao et al，2000；Gurel et al，2012）（表3-1）。共培养培养皿放到光下（20±2）℃ 24h（图3-1e）。共培养后轻轻用镊子夹起洋葱表皮块，在无菌水中洗净表面附着的培养基和菌液；将洋葱表皮块放到激光共聚焦显微镜（Leica TCS SP5）下观察（图3-1f）。

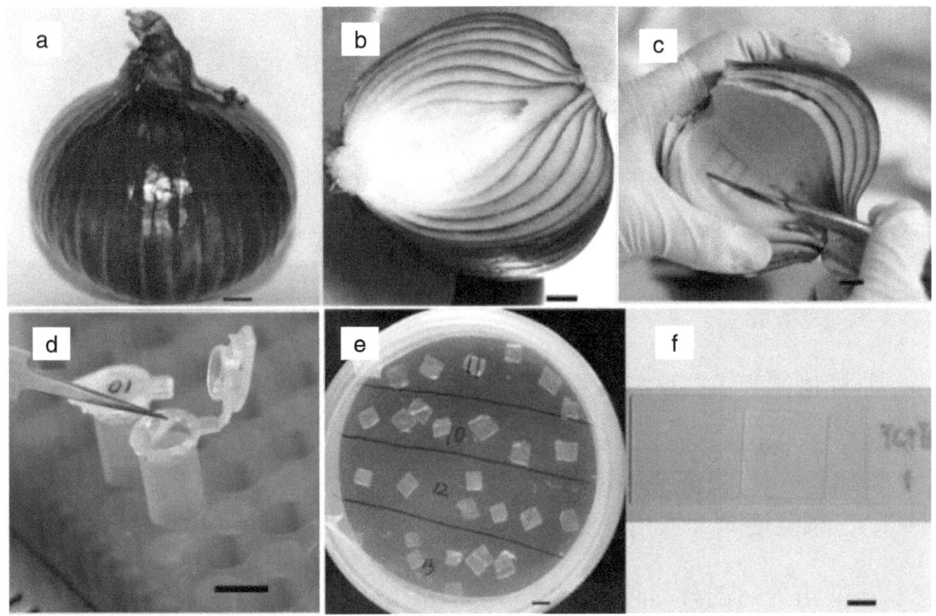

图3-1 农杆菌介导的洋葱表皮瞬时转化程序

Figure 3-1 *Agrobacterium*-mediated transformation of onion epidermal cells

a：新鲜鳞茎，b：将鳞茎纵切开，c：洋葱内表皮切1cm²小块，d：在离心管中对洋葱表皮进行侵染，e：共培养，f：将共培养后洋葱表皮放在载玻片上准备显微观察。标尺＝1cm

a：Fresh onion bulb，b：Cut onion bulb，c：Cut several blocks on onion（1cm²），d：Infect the onion epidermal peels into the prepared infection culture medium in a 2 mL centrifuge tube，e：Co-culture，f：Put the onion peels on microscope slides and covered slides. Scale bar＝1cm

3.4 结果与分析

3.4.1 甜高粱遗传转化体系建立

如图3-2所示，高粱遗传转化主要包括如下程序。

3.4.1.1 外植体准备

选择幼穗诱导的愈伤组织或在诱导培养基上经过5～7d预培养的幼胚作

为外植体。

3.4.1.2　农杆菌侵染过程

挑选生长状态良好的外植体置于携带双元载体的农杆菌侵染培养基中（OD_{600}＝0.1），侵染10min，取出外植体，置于无菌滤纸上晾干表面菌液。

3.4.1.3　共培养

将外植体置于共培养培养基上3～4d，此时观察外植体表面有少许菌体附着。

3.4.1.4　恢复培养

将共培养后的外植体置于恢复培养基上（恢复培养基：2,4-D浓度为1.5mg/L的诱导培养基），恢复培养1～2周至有新的愈伤组织产生。

3.4.1.5　筛选培养

将恢复培养后的愈伤组织置于筛选培养基上进行两轮抗性愈伤组织筛选试验，每轮2周，其中第一轮筛选压为1mg/L草铵膦，第二轮筛选压为3mg/L草铵膦。

3.4.1.6　分化培养

将抗性愈伤组织置于分化培养基上（筛选压为3mg/L），见光分化生芽、出苗，光照周期为16h/8h（光/暗），光强为80μmol/（m^2·s）；此过程约1个月。

3.4.1.7　生根

当转基因苗高3～5cm时转入生根培养基中（筛选压为3mg/L），诱导生根，光照周期为16h/8h（光/暗），光强为100μmol/（m^2·s）。

3.4.1.8 炼苗和移栽

当生根培养基中转基因苗高5～7cm，有3～5条壮根时，敞开瓶口炼苗3～5d；转基因经炼苗后移栽入土（营养土：蛭石＝1：1），1～2周后将成活的转基因苗移到24cm×20cm（直径×高）的大花盆内，直到结籽收获。

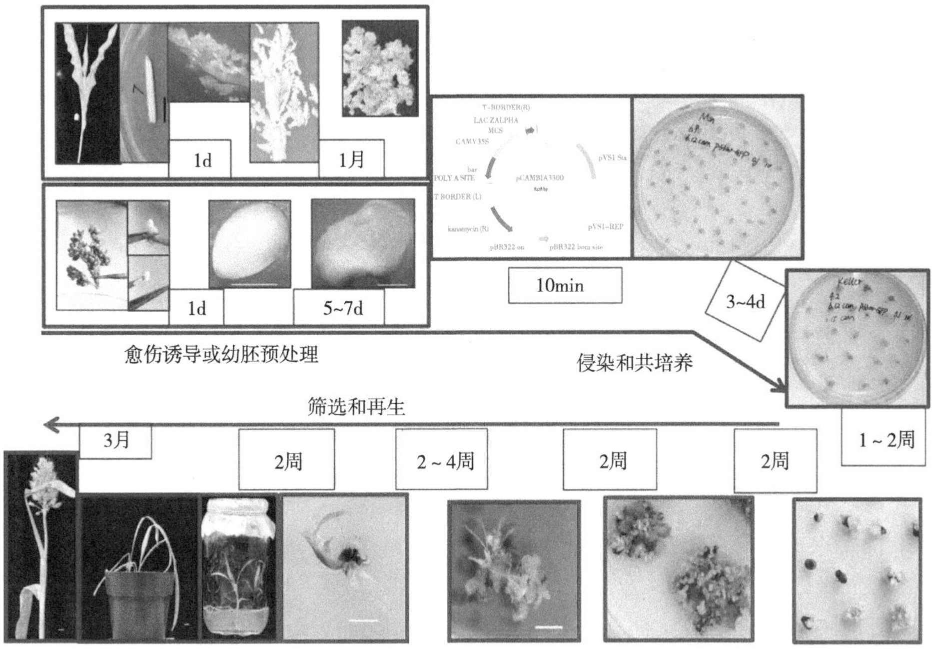

图3-2 农杆菌介导的高粱遗传转化程序

Figure 3-2 General scheme for *Agrobacterium*-mediated transformation of sorghum

3.4.2 pCAMBIA3300-*GFP*载体活性检验

通过洋葱瞬时表达体系对构建的pCAMBIA3300-*GFP*载体活性进行检测，结果如图3-3所示。构建的pCAMBIA3300-*GFP*载体GFP绿色荧光蛋白已经开始表达，且瞬时表达效率高，荧光强度好，可用于后续甜高粱遗传转化体系建立过程中。

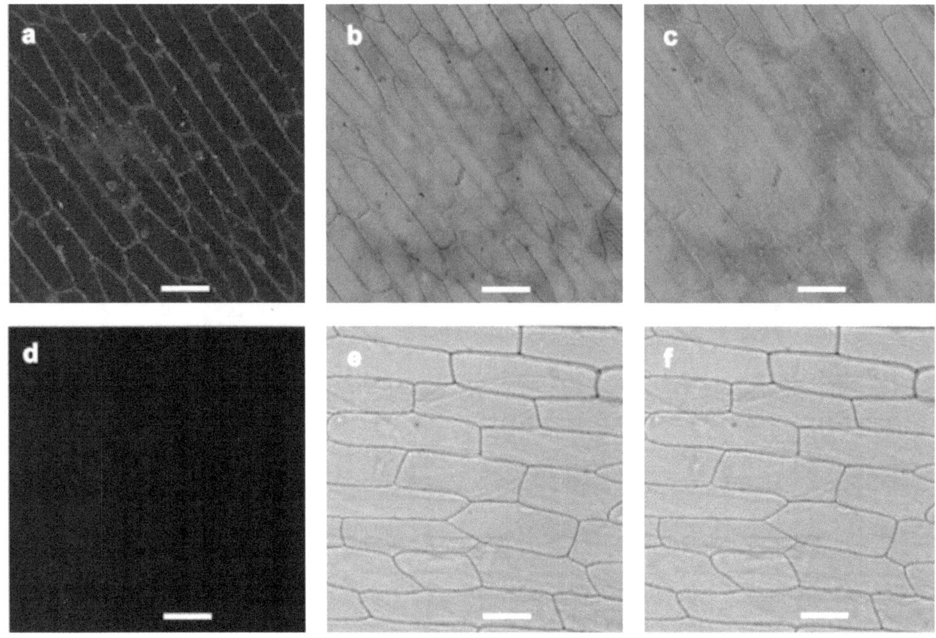

图3-3　pCAMBIA3300-*GFP*绿色荧光瞬时表达

Figure 3-3　Transient expression of p3300-*GFP*

a：p3300-GFP绿色荧光图，b：明场，c：a与b叠加图，d：空白对照（未转化洋葱表皮细胞），e：明场，f：d与e叠加图。标尺＝100μm

a：p3300-GFP images of fluorescence，b：bright field images，c：a，b merge images，d：blank control，e：bright field images，f：d，e merge images. Scale bars＝100μm

3.4.3　分化培养基筛选压的确定

抗性愈伤组织分化出苗在遗传转化中是一个非常关键的环节，此阶段分化培养基中筛选剂的浓度尤为重要，如果浓度过低，会造成假阳性苗的出现，但浓度过高则造成抗性愈伤组织不分化，甚至出现褐化死亡现象。所以对分化阶段的筛选剂浓度进行梯度试验，如图3-4所示：当筛选压为1mg/L时，10%的愈伤组织会分化出苗，80%的愈伤组织只长根不长芽，所有愈伤组织颜色发白，保持生命活力（a）；当筛选压为3mg/L时，无愈伤组织分化出苗，所有愈伤组织颜色发白，保持生命活力（b）；当筛选压为5mg/L

时，无愈伤组织会分化出苗，10%的愈伤组织颜色发白，保持生命活力，90%的愈伤组织褐化死亡（c）；阴性对照，当筛选压为0时，80%以上的愈伤组织分化出苗（d）。因此分化阶段的筛选压选择3mg/L草铵膦，这样既保证愈伤组织不会因筛选剂浓度过高而死亡，阴性愈伤组织又不会分化出苗。

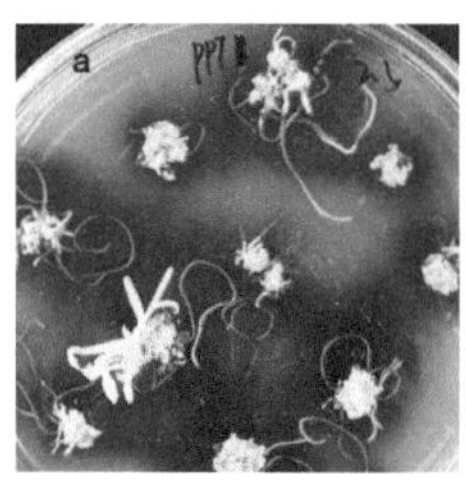
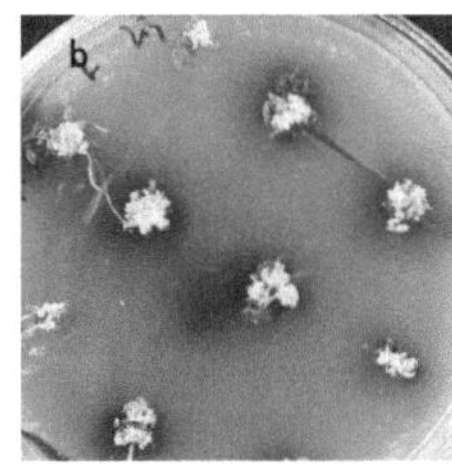
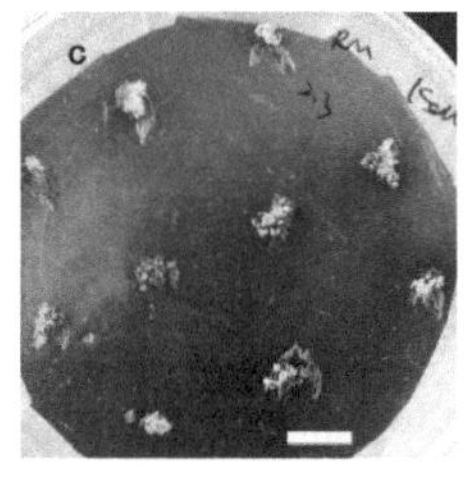
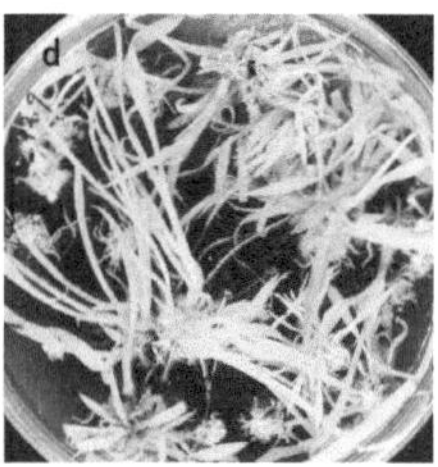

图3-4　分化培养基筛选压的确定

Figure 3-4　The determination of selection pressure in differentiation media

a：草铵膦浓度为1mg/L的愈伤分化情况；b：草铵膦浓度为3mg/L的愈伤分化情况；c：草铵膦浓度为5mg/L的愈伤分化情况；d：草铵膦浓度为0mg/L的愈伤分化情况（阴性对照）。标尺＝1cm

a：Callus differentiation with 1mg/L selection pressure in differentiation medium；b：Callus differentiation with 3mg/L selection pressure in differentiation medium；c：Callus differentiation with 1mg/L selection pressure in differentiation medium；d：Callus differentiation without selection pressure in differentiation medium（negative control）. Scale bar＝1cm

3.4.4　转基因植株PCR检测

为验证*bar*基因是否已转入高粱基因组中，对T_0和T_1代部分转化单株基因组进行*bar*基因PCR检测，同时对部分T_0代单株进行RT-PCR检测分析。如图3-5A所示，T_0：1～3、4～6、7～9及10～12分别来自4块抗性愈伤分化的所出苗，我们可以看出这4块愈伤组织均有阳性苗产生，但同一愈伤组织产生的苗并不都是阳性植株。主要原因可能是愈伤组织中抗性细胞对周围细胞产生了保护作用，未被筛选剂杀死而分化出苗；图3-5B所示，*bar*基因在T_0代单株中已开始转录；综上所述，*bar*基因初步检测已经整合到高粱基因组，还需要其他试验验证。

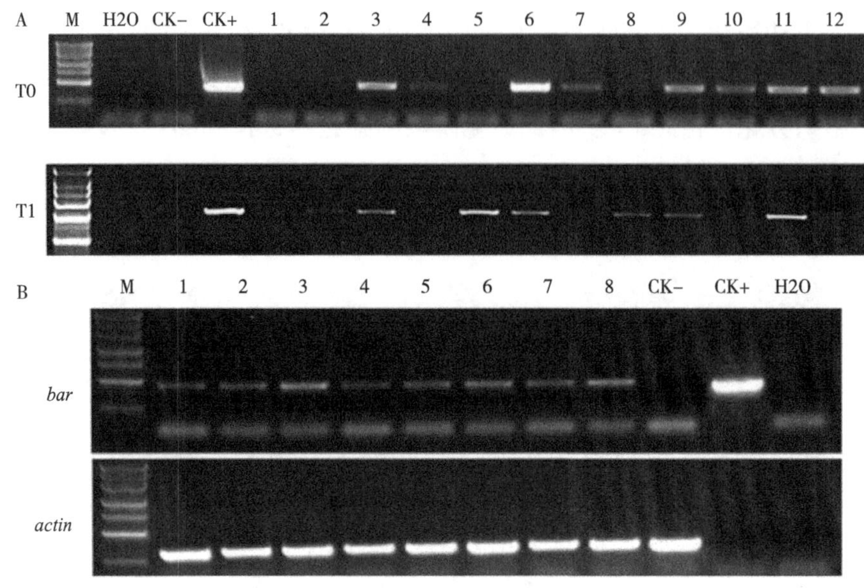

图3-5　转基因植株*bar*基因PCR检测

Figure 3-5　PCR detection of *bar* gene in transgenic plants

A部分T_0和T_1代转基因植株*bar*基因PCR扩增结果；T_0：M，marker Ⅳ；CK-，未转化植株；CK+，质粒；1～12，部分T_0代转化单株。T_1：M，marker 100；CK-，未转化植株；CK+，质粒；1～12，部分T_1代转化单株。B部分T_0代转基因植株*bar*基因RT-PCR分析；M，marker Ⅳ；CK-，未转化植株；CK+，质粒；1～8，部分T_0代转化单株cDNA PCR扩增结果；*bar*：*bar*基因扩增；*actin*：*actin*基因扩增

A *bar* gene PCR amplification of part T_0 and T_1 transgenic plants；T_0-M，marker Ⅳ，CK+，plasmid，CK-，wild-type，lanes 1～12 PCR amplicon of part T_0 transgenic plants；T_1-M，marker 100，CK+，plasmid，CK-，wild-type，lanes 1～12 PCR amplicon of part T_1 transgenic plants；B RT-PCR analysis of *bar* in part of T_0 transgenic plants；M，marker Ⅳ，CK+，plasmid，CK-，wild-type，lanes 1～8 PCR amplicon of part T_0 transgenic plants；*bar*：*bar* gene RT-PCR amplification，*actin*：*actin* gene RT-PCR amplification

3.4.5　T_0代转基因植株蛋白水平的检测

利用BAR检测试纸条对转基因单株BAR蛋白表达情况进行检测，如图3-6所示，箭头所指检测线为BAR蛋白表达检测线；BAR蛋白若有表达，则有条带出现，BAR蛋白若未表达则无条带出现。由图3-6可以清晰的观察

到与1号阴性对照相比，2～6号阳性单株均有BAR蛋白表达。

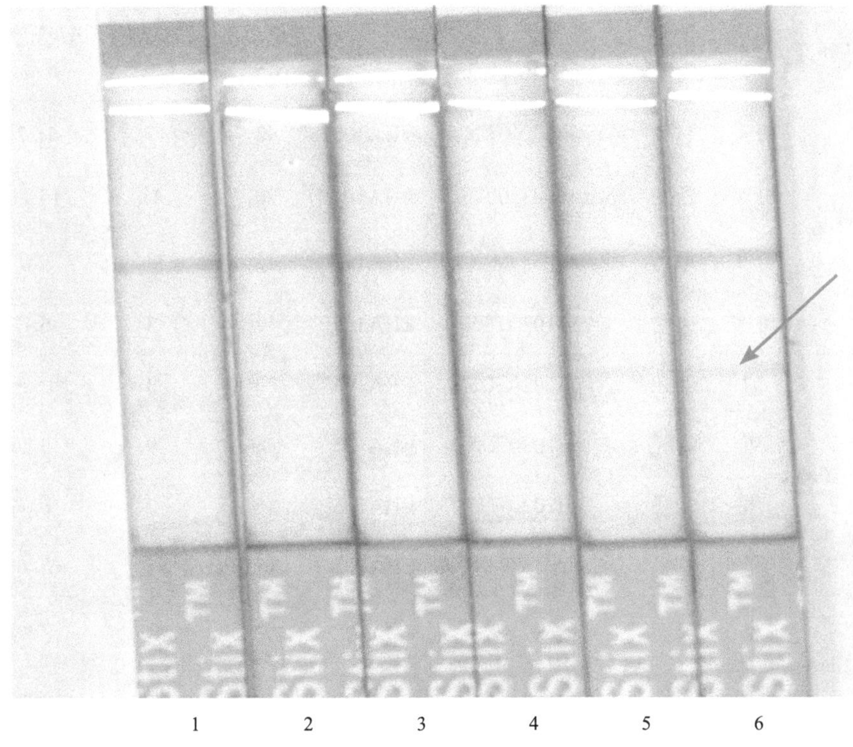

1　　2　　3　　4　　5　　6

图3-6　部分T_0代单株BAR试纸条检测

Figure 3-6　The BAR strip test of some T_0 transgenic plants

1：阴性对照；2～6：T_0阳性植株；箭头所示检测线为BAR蛋白表达检测线

1：CK-（K）；2-6：T_0 plants. The line that arrow pointed showed BAR protein expression

3.4.6　不同基因型转化效率统计

通过对T_0代转化单株基因组进行*bar*基因PCR检测（重复3次）及BAR蛋白试纸条检测，统计转化效率，结果如表3-3所示，籽实高粱品种JR105利用愈伤组织作为外植体，转化效率在10%左右，最高达到16%；甜高粱品种Keller利用愈伤组织作为外植体，转化效率在3%～7%；甜高粱品种Mn-3025利用幼胚作为外植体，转化效率稳定在10%左右，最高达到20%。

表3-3　不同高粱品种转化效率统计

Table 3-3　The transformation efficiency of different sorghum varieties

品种	类型	外植体	质粒	菌株	转化愈伤数（个）	转化事件（个）	转化效率（%）
JR105	籽实	愈伤	ptf102-*GUS*	EHA105	43	7	16.28
	籽实	愈伤	pCambia3300-*GFP*	EHA105	70	11	15.714
	籽实	愈伤	pCambia3300-*GFP*	EHA105	41	3	7.317
	籽实	愈伤	ptf102-*GUS*	EHA105	49	3	6.12
Mn-3025	甜	幼胚	ptf102-*GUS*	EHA105	29	3	10.35
	甜	幼胚	ptf102-*GUS*	EHA105	109	9	8.26
	甜	幼胚	ptf102-*GUS*	EHA105	66	2	6.06
	甜	幼胚	pCambia3300-*GUS*	EHA105	35	7	20.00
Keller	甜	愈伤	ptf102-*GUS*	EHA105	147	10	6.80
	甜	愈伤	ptf102-*GUS*	EHA105	219	7	3.20

3.4.7　T_0代转基因植株自交后代分离比

通过对*bar*基因进行PCR检测以及*bar*试纸条检测，统计了11个T_0代单株自交后代的分离比。如表3-4所示，有部分T_0代单株自交后代阳性株与阴性株的比值小于3∶1（1个拷贝），不符合孟德尔遗传定律，说明这些T_0代阳性株可能存在嵌合体的问题。为验证是否有嵌合体的原因选择了5个T_0代转化单株进行不同叶片的PCR检测，由表3-5可以看出T_0代D、F、I单株不是所有叶片都呈PCR检测阳性，所以这3个单株应该存在嵌合体问题。虽然KC所有叶片PCR检测阳性，但其T_1代分离比为2∶3，小于孟德尔遗传定律3∶1分离比，由于未进行细胞水平检测，不能肯定它不存在嵌合体的问题；Kp24所有叶片PCR检测阳性，其自交后代分离比符合孟德尔遗传定律3∶1分离比例，所以Kp24转化*bar*基因的拷贝数应是1。

表3-4 T_0代自交后代分离比的统计

Table 3-4 Statistics of segregation ratio in T_0 selfing generations

T_0代转基因单株编号	含*bar*基因的T_1代单株数	不含*bar*基因的T_1代单株数	含*bar*/不含*bar* T_1代分离比	*P*
D	8	12	2∶3	0.000 301[a]
G	15	4	3.75∶1	0.691 102
W	7	1	7∶1	0.414 216
I	6	48	1∶8	2.17E-27[a]
V	2	26	1∶13	1.11E-16[a]
F	4	12	1∶3	3.86E-06[a]
KC	16	8	2∶1	0.345 779
Kp24	18	6	3∶1	1
Kp11	20	4	5∶1	0.345 779
Kp10	24	0	—	0.004 678[b]
Kp4	19	4	5∶1	0.399 396

注：a，不符合孟德尔遗传定律；b，T_0代为纯合体

表3-5 5株T_0代单株不同叶片PCR检测结果

Table 3-5 PCR detection results of different leaves in 5 T_0 transgenic plants

T_0代	叶片1	叶片2	叶片3	叶片4	叶片5
KC	+	+	+	+	无
D	+	−	−	−	+
F	+	−	−	−	无
I	−	−	−	−	+
Kp24	+	+	+	+	+

注：+，叶片PCR检测阳性；−，叶片PCR检测阴性

3.4.8 T_0代GUS染色及GFP绿色荧光检测

对T_0代阳性愈伤和单株进行GUS染色，结果如图3-7A所示，其中A-a部分愈伤组织染成蓝色；A-b、A-c阳性植株根部和叶鞘染成蓝色。

对T_0代阳性愈伤组织GFP绿色荧光表达情况进行观察如图3-7B所示，其中B-a为愈伤组织刚转化*GFP*基因后*GFP*基因表达情况观察，此时绿色荧光点比较小，如箭头所示；B-b为愈伤组织经筛选后阳性愈伤组织慢慢长大后*GFP*基因表达情况，此时绿色荧光已经变大，如箭头所示；B-c为愈伤组织刚开始分化出芽时*GFP*基因表达情况观察，箭头所示为芽点位置。

由此可以看出*GUS*基因和*GFP*基因都已经转入高粱基因组中，并开始表达。

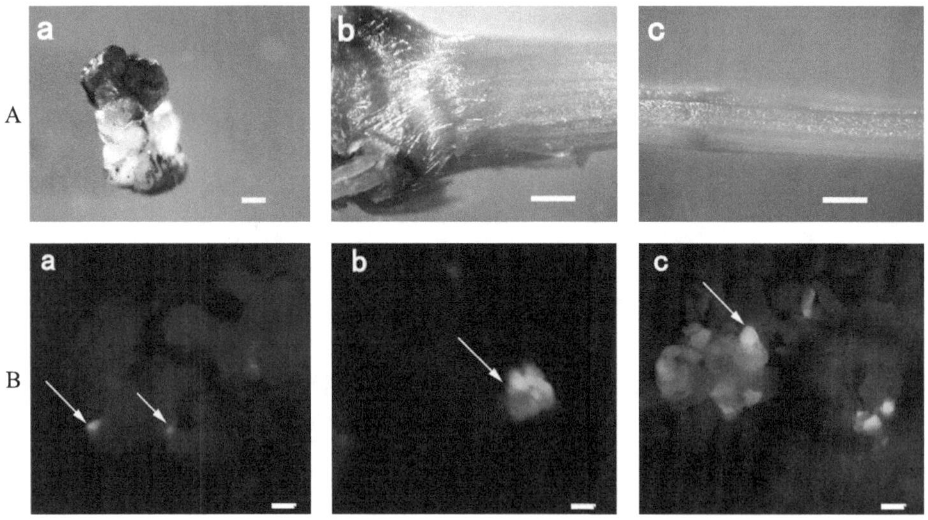

图3-7 转基因阳性愈伤和植株的GUS染色及GFP绿色荧光观察

Figure 3-7 The GUS staining of transgenic positive callus and plant and GFP green fluorescent observation

A：转基因阳性愈伤、植株GUS染色情况，标尺＝1mm；B：转基因阳性愈伤开始到出芽GFP表达情况，标尺＝100μm

A：GUS staining of transgenic positive callus and plant，Scale bars＝1mm；B：GFP observation of transgenic positive callus（from beginning to budding）；A-a，b，c and B-b pictures at the right-top corner were negative control，Scale bars＝100μm

3.4.9 T_0代单株抗除草剂检测

T_0代单株分化出苗后移到生根培养基中，用3mg/L草铵膦进行筛选，如图3-8所示，阳性植株经筛选后仍能生根，植株呈绿色（b箭头所指植株）；阴性植株不能生根，7～10d后植株褐化枯死（a箭头所指植株）。

T_0代单株叶片抗除草剂涂抹试验：用100mg/L Basta涂抹4～5叶期抗性苗从上往下数第二片叶中部约1cm长；7d后观察叶片受损情况，如图3-9所示，未转化单株6号和7号经Basta涂抹7d后叶片已全部枯死；而2～5阳性转基因植株对Basta表现出不同抗性，其中3号和4号植株叶片略有发黄抗性较好，5号叶片边缘略有损伤，2号损伤情况最重，但远好于阴性对照组。

图3-8　T_0代阳性苗生根阶段筛选试验（标尺＝1cm）

Figure 3-8　The selection of T_0 transgenic plant using 3mg/L glufosinate-ammonium（Scale bar＝1cm）

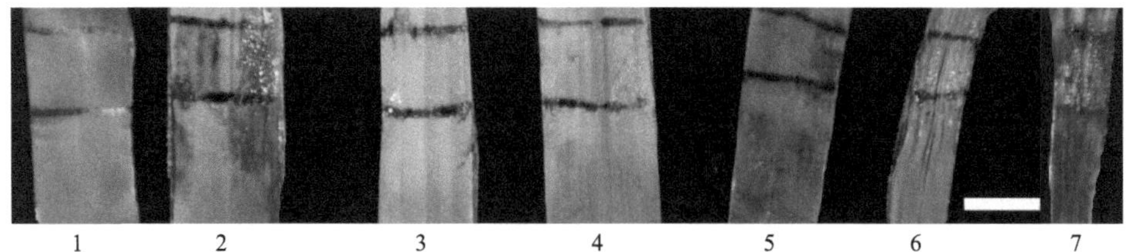

图3-9　T_0代阳性苗叶片涂抹Basta试验

Figure 3-9　Basta resistent of T_0 transgenic plants

1：空白对照，未转化单株涂抹H_2O；6～7：阴性对照，未转化单株涂抹Basta；
2～5：转化单株涂抹Basta。标尺＝1cm

1：wild-type plant painting with H_2O；6～7：wild-type plant painting with Basta；
2～5：transgenic positive plant painting with Basta. Scale bar＝1cm

3.5　本章小结

本研究建立了农杆菌介导的甜高粱和籽实高粱遗传转化体系。

（1）在高粱再生体系基础上，目前本实验室已成功建立起农杆菌介导的甜高粱和籽实高粱遗传转化体系。实验室可做遗传转化的基因型包括甜高粱品种Mn-3025和Keller；籽实高粱品种JR105。

（2）籽实高粱品种JR105转化效率稳定在10%左右；甜高粱品种Keller与Mn-3025转化效率分别达到5%和10%。

4　甜高粱遗传转化体系的应用

4.1　引言

γ-氨基丁酸转氨酶（*GABA-T*）基因是γ-氨基丁酸（GABA）分解代谢的第一个关键基因，目前，*GABA-T*基因已相继从拟南芥、番茄、水稻、苹果果实中分离出来，这些研究表明，*GABA-T*基因与植物的C/N代谢、胁迫应答、信号传递、植物生长发育和形态建成等生理生化途径都存在非常紧密的联系（Shelp et al，1999；Shelp et al，2012a；Shelp et al，2012b）。C_4植物中*GABA-T*基因的研究还未见报道。

甜高粱茎秆中的水分是糖分等光合产物的主要载体，茎秆出汁量对甜高粱的产糖量非常重要。中国科学院植物研究所景海春课题组将高粱的茎秆分为“pithy”和“juicy”两类，通过全基因组关联分析和图位克隆的方法，克隆到了控制高粱茎秆持汁性的基因，命名为*Dry*，该基因编码植物特有的NAC转录因子，其功能缺失是甜高粱茎秆富含汁液的重要原因（Zhang et al，2018）。

本章将通过前期建立的甜高粱遗传转化体系，对*SbGABA*基因与*SbDry*基因的功能进行研究。

4.2 试验材料

4.2.1 植物材料

基因功能验证所需甜高粱品种：Mn-3025、Keller；籽实高粱品种：JR105。

4.2.2 载体信息

本章所需载体如下：*SbGABA-T*基因的过表达载体：pCAMBIA3301-*SbGABA-Ts*；*SbDry*基因的过表达载体：pCAMBIA3300-*SbDry-PG*（基因编码区序列全长）、pCAMBIA3300-*SbDry-PC*（CDs序列）；*Dry*基因的基因编辑载体：pOs-cas9-*SbD4*。

载体构建所用引物见表4-1。

表4-1 载体构建所用引物

Table 4-1 Primers used for plasmid construction

载体名称	引物名称	引物序列（5′-3′）
pCAMBIA3301-*SbGABA-T1*	SbGABA-T1-F	AACTGCAGATGATCGCACAAGGCCTCCGCAG
	SbGABA-T1-R	CGGGATCCCTAATTCTTCCTGGATTTCAGTTCTCC
pCAMBIA3301-*SbGABA-T2*	SbGABA-T2-F	GGCATGTCACTACTGATAGTCAGC
	SbGABA-T2-R	AAACGCTGACTATCAGTAGTGACA
pCAMBIA3300-*SbDry-PG*	SbDry-PG-F	AGGTCGACTCTAGAGGATCCAGAGGTAGGGAG-GAGGGGATG
	SbDry-PG-R	GGGGAAATTCGAGCTCGTAATCTAACCTCAC-GCTAAGTACCTAC
pCAMBIA3300-*SbDry-PC*	SbDry-PCs-F	CGACGGCCAGTGCCAAGCTTGCTGGACAAGA-CATAACGACAACTC

（续表）

载体名称	引物名称	引物序列（5′-3′）
pOs-cas9-*SbD4*	SbDry-PCs-R	GGGGAAATTCGAGCTCTCCAGTAATCTAACCT-CACGCTAAGT
	SbD4-F	ggcaGACCAGCCGGGCTCTACCGC
	SbD4-R	aaacGCGGTAGAGCCCGGCTGGTC
	LR-test-F	ACCGACTCGGTGCCACTTTT
	LR-test-R	GCACAGGACAGGCGTCTTCTACT
	cas9-F	CCGAGTTGTGAGAGGTCGATGCGT
	cas9-R	ACAAACGGCGAGACAGGCGAGATC

4.3 试验方法

4.3.1 CRISPR/Cas9基因编辑载体的构建

（1）查找目的基因内的PAM序列，即NGG序列，向前数20个碱基作为候选目的片段；设计的正向引物为：ggca+20bp，反向引物为：aaac+20bp（表4-1）。

正反向引物按照1：1比例加入PCR管中，在PCR仪内94℃运行5min，然后关掉PCR仪在自然降温的过程使引物复性，得到目的片段。

（2）pENTER OsU3B sgRNA载体与目的片段相连，具体反应体系如下。

Bsa Ⅰ酶切pENTER OsU3B sgRNA：

pENTER OsU3B sgRNA	20μL
10 × NEBuffer	5μL
Bsa Ⅰ	1μL
ddH_2O	24μL
Total	50μL

目的片段与pENTER OsU3B sgRNA质粒*Bsa* Ⅰ酶切产物连接体系：

pENTER OsU3B sgRNA	4μL
目的片段	0.5μL
10 × T4 Buffer	1μL
T4 DNA ligase	0.5μL
ddH_2O	4μL
Total	10μL

混匀，瞬时离心，16℃过夜连接。转化大肠杆菌DH5α。挑取单克隆，用M13-F/spacer-F引物进行菌液PCR检测，确定阳性克隆并提取质粒。

（3）通过LR反应将pENTER OsU3B sgRNA载体与pOs-cas9载体进行重组，反应体系如下：

sgRNA-目的片段	2.5μL
pOs-cas9	1μL
ddH_2O	1μL
LR Mix	0.5μL
Total	5μL

混匀，瞬时离心，25℃温浴3h。转化大肠杆菌DH5α，用LR-test引物和cas9引物进行菌落PCR鉴定，对阳性克隆送样测序。

4.3.2 过表达载体的构建

PCR扩增高粱品种Ji2731中*SbDry*基因编码区序列全长与CDs序列、扩增高粱品种Btx623中*SbGABA-T1*和*SbGABA-T2*基因编码区全长，引物序列见表4-1。克隆的*SbDry*基因编码区序列全长经*BamH* Ⅰ和*Sac* Ⅰ双酶切后，连入同种酶切的表达载体pCAMBIA3300中，构建pCAMBIA3300-*SbDry*-

*PG*载体；克隆的*SbDry*基因CDs区，经*Hind* Ⅲ和*Sac* Ⅰ双酶切后，连入同种酶切的表达载体pCAMBIA3300中，构建pCAMBIA3300-*SbDry-PC*载体；克隆的*SbGABA-T1*和*SbGABA-T2*基因编码区经*BamH* Ⅰ和*Sac* Ⅰ双酶切后，连入同种酶切的表达载体pCAMBIA3301中；构建好的载体转化大肠杆菌DH5α。对阳性克隆送样测序。

4.3.3　基因功能验证

4.3.3.1　*SbGABA-Ts*基因过表达分析

构建载体pCambia3301-*SbGABA-T1*和pCambia3301-*SbGABA-T1*，利用建立的甜高粱遗传转化体系，转化甜高粱品种Mn-3025。具体信息如表4-2所示。

表4-2　***SbGABA-Ts*基因过表达分析**

Table 4-2　Over express of gene *SbGABA-Ts*

品种	载体	目的基因	筛选标记
Mn-3025	pCambia3301-*SbGABA-T1*	*SbGABA-T1*	*bar*
Mn-3025	pCambia3301-*SbGABA-T2*	*SbGABA-T2*	*bar*

4.3.3.2　*SbDry*基因过表达和基因敲除分析

构建过表达载体pCAMBIA3300-*SbDry-PG*和pCAMBIA3300-*SbDry-PC*以及基因敲除载体pOs-cas9-*SbD4*，利用建立的甜高粱遗传转化体系，分别转化籽实高粱品种JR105和甜高粱品种Keller。具体信息如表4-3所示。

表4-3　***SbDry*基因过表达和基因敲除分析**

Table 4-3　Over express and Knock out of genes *SbDry*

品种	载体	目的基因	筛选标记
JR105	pOs-cas9-*SbD4*	*SbD4*	*hyg*
Keller	pCAMBIA3300-*SbDry-PG/PC*	*SbDry*	*bar*

4.4 结果与分析

4.4.1 高粱γ–氨基丁酸转氨酶调控基因*SbGABA–T*的遗传转化

4.4.1.1 转基因株系叶片抗除草剂Basta检测

利用阳性转基因植株抗Basta的特性对获得的转基因苗进行进一步检测。结果显示（图4–1），野生型植株在涂抹Basta后，涂抹区域在处理2d后迅速黄化；而对应的PCR检测为阳性的植株，黄化速率较慢，或未见黄化，表明*bar*基因已成功转入植株中开始发挥作用。

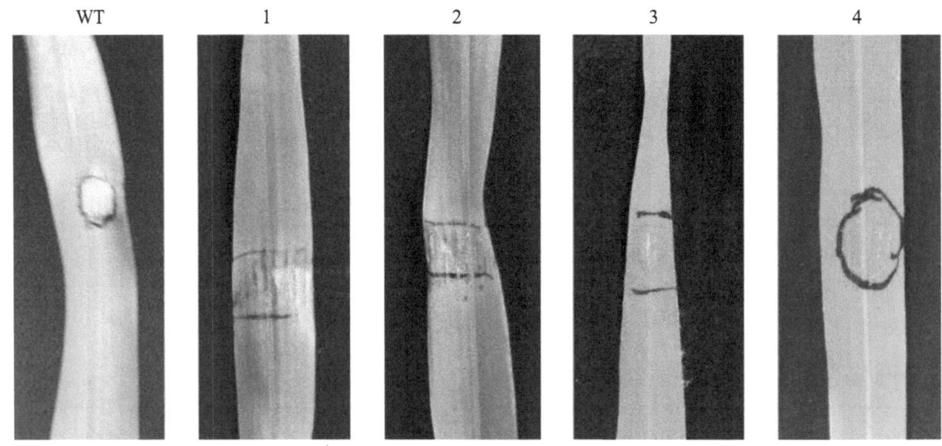

图4–1 部分T_0代转基因阳性植株的Basta检测

Figure 4–1 Basta-resistent detection in T_0 transgenic plants

WT：未转化单株；1～4：PCR检测阳性苗

WT：wild-type；lanes 1～4：transgenic positive plant painting with Basta

4.4.1.2 转基因株系的*SbGABA–Ts*的表达分析

利用实时荧光定量法将PCR鉴定为阳性并且对Basta有明显抗性的植株进行*SbGABA-T1*、*SbGABA-T2*基因转录水平测定。结果如图4–2所示，转pCambia3301-*SbGABA-T1*的阳性转基因植株，*SbGABA-T1*基因的转录水平有不同程度的上升，倍增幅度在2～4倍，个别植株除外；而*SbGABA-T2*基因的转录水平与野生型相当；转pCambia3301-*SbGABA-T2*的阳性转基因植株*SbGABA-T2*基因的转录水平有不同程度的上升，倍增幅度在2～7倍，个别植株除外；而*SbGABA-T1*基因的转录水平与野生型相当。

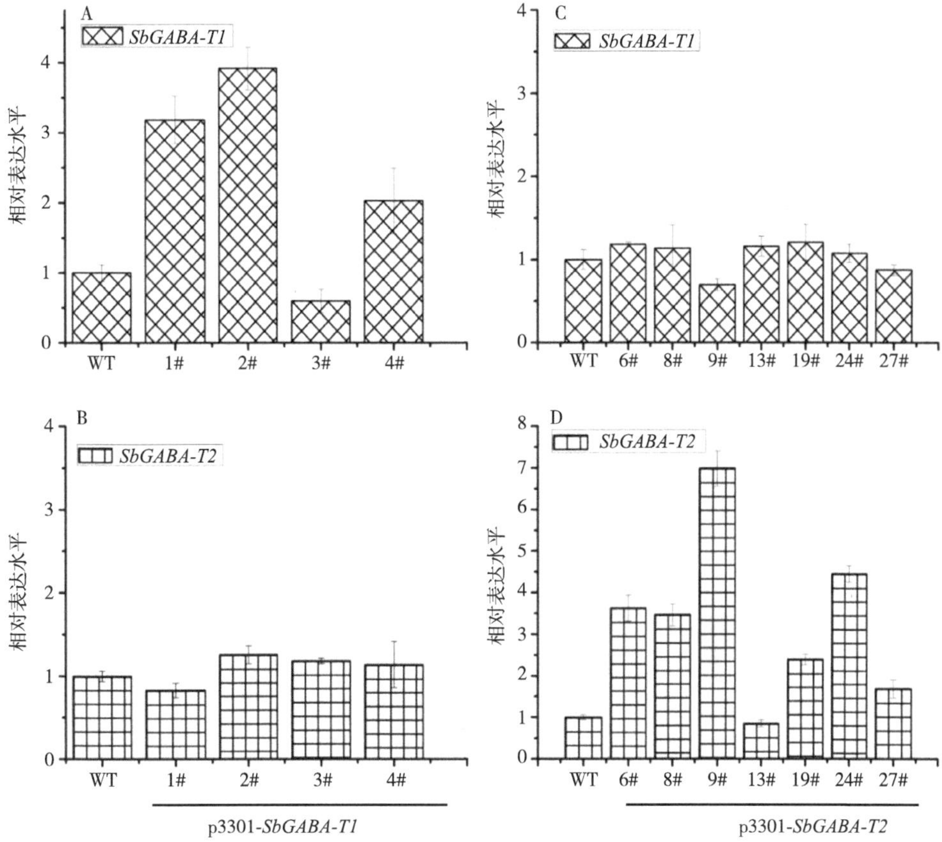

图4-2 部分T_0代转基因植株的*SbGABA-Ts*的表达情况

Figure 4-2 Relative expression level of *SbGABA-Ts* genes in T_0 transgenic plants

A：不同转*SbGABA-T1*基因的植株中*SbGABA-T1*基因的表达情况；B：不同转*SbGABA-T1*基因的植株中*SbGABA-T2*基因的表达情况；C：不同转*SbGABA-T2*基因的植株中*SbGABA-T1*基因的表达情况；D：不同转*SbGABA-T2*基因的植株中基因的*SbGABA-T1*表达情况

A：Relative expression of *SbGABA-T1* gene in *SbGABA-T1* gene transgenic plant；B：Relative expression of *SbGABA-T2* gene in *SbGABA-T1* gene transgenic plant；C：Relative expression of *SbGABA-T1* gene in *SbGABA-T2* gene transgenic plant；D：Relative expression of *SbGABA-T2* gene in *SbGABA-T2* gene transgenic plant

4.4.2 高粱茎秆持汁性调控基因*SbDry*的遗传转化

4.2.2.1 *SbDry*基因过表达分析

通过农杆菌介导的遗传转化方法，将pCAMBIA3300-*SbDry-PG*与pCAMBIA3300-*SbDry-PC*转化甜高粱品种Keller。共获得22株独立的转基因植株（T_0株），茎秆表现出与Ji2731相似的干枯和髓质表型。检测了转基因T_0植株的后代，发现T_1转基因植株的水分含量比Keller植株低（图4-3A至图4-3C）。还检测了转基因品系PC3（含CDs区）和PG1（含基因组编码序列）T_2和T_3代的表达水平和茎秆含水量。在T_2和T_3世代，尽管转基因表达水平显著降低，但仍然观察到茎秆含水量的显著差异（图4-3D至图4-3F）。对田间种植的T_2转基因株系进行进一步观察表明，茎秆保持了干枯和髓质的表型，所检测的任何其他农艺性状都没有明显的差异。因此，试验证实了NAC转录因子*SbDry*基因调控茎秆多汁/髓质表型。

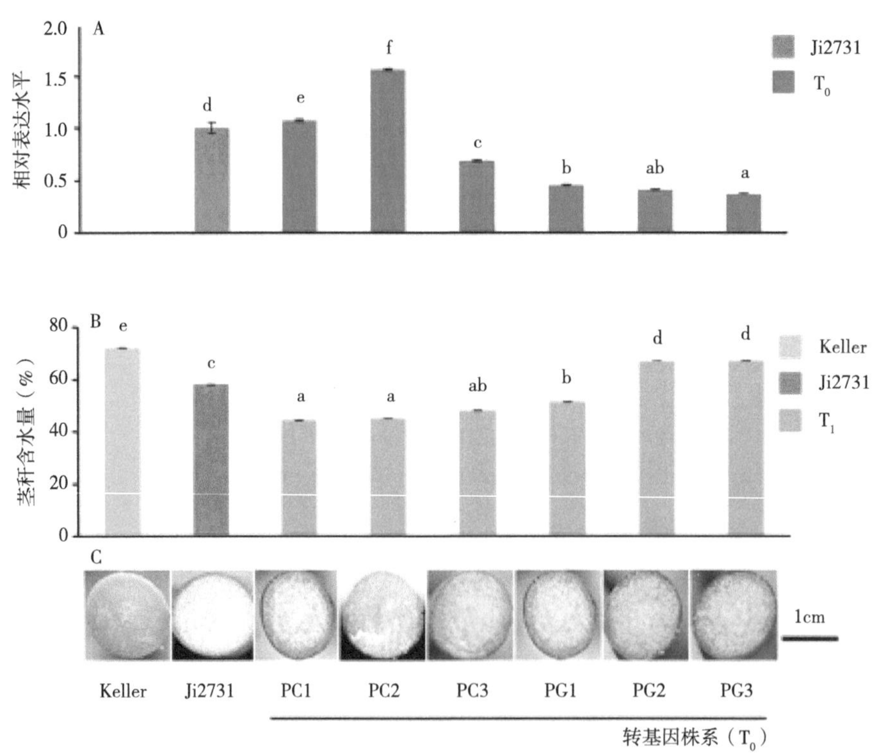

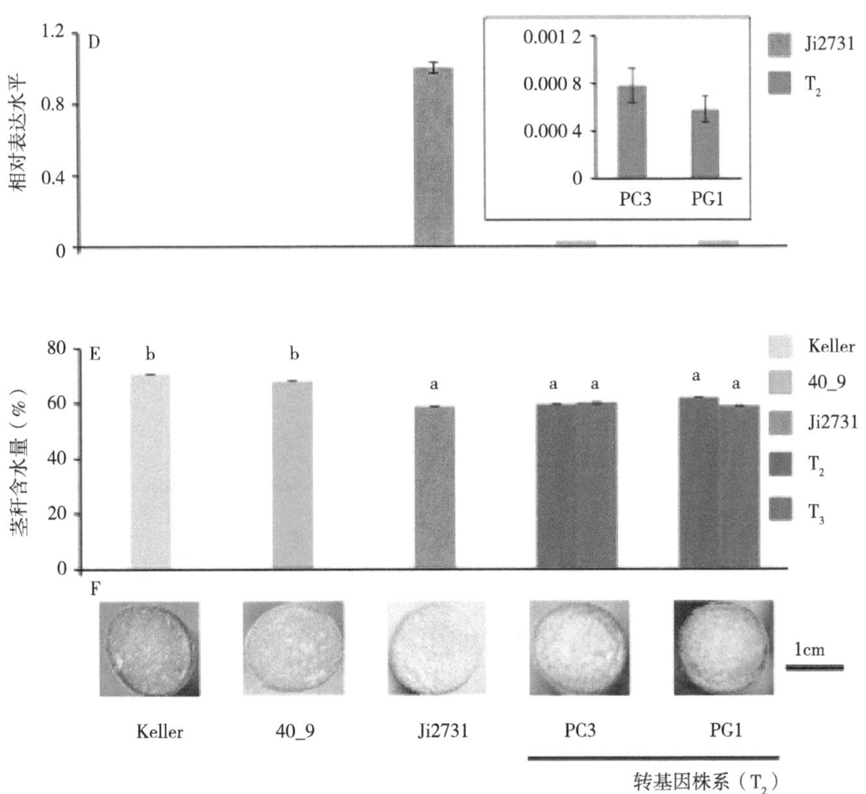

图4-3　*SbDry*基因的互补测试

Figure 4-3　Complementation Test of the *SbDry* Gene

（A）和（D）：RT-qPCR分析转基因在T_0代和T_2代茎秆髓质中的表达。（D）中的插图是PC3和PG1基因表达模式的放大视图。将Ji2731中的表达水平设置为1.0。结果是3个技术重复（试验内重复）的平均值。（B）和（E）：T_1、T_2和T_3世代的水分含量。取值为每个转基因株系至少3株阳性植株的平均值±Se。（C）和（F）：T_0和T_2世代的茎秆多汁/髓质表型。Keller是甜高粱转化的受体植株，Ji2731作为阳性对照。单因素方差分析用不同字母表示显著性差异（P<0.05）

（A）and（D）RT-qPCR analysis of the expression of the transgenes in the stem pith in the T_0 and T_2 generations. The inset in（D）is an enlarged view of the gene expression patterns in PC3 and PG1. The expression level in Ji2731 was set to 1.0. Results are means ± se of three technical replicates（replicates within an experiment）.（B）and（E）Water content in the T_1，T_2，and T_3 generations. Values are means ± se of at least three positive plants for each transgenic line.（C）and（F）The stem juicy/pithy phenotype in the T_0 and T_2 generations. See also Supplemental Figure 4.Keller is the recipient plant for sorghum transformation and Ji2731 was used as a positive control. Significantly different values（P < 0.05）are indicated by different letters，as determined by one-way ANOVA

4.2.2.2 *SbDry*基因敲除分析

（1）将sgRNA和目的片段连接后，转化大肠杆菌DH5α，共挑取了4个单克隆用M13F/SbD4F引物做菌液PCR，大小300bp，1%的电泳检测；如图4-4所示，4个单克隆全为阳性克隆，挑取1号和2号单克隆提质粒，用M13-F测序，PCR检测结果和测序结果见图4-4，其中红色划线序列即为目的片段，单克隆1号和2号的测序结果均正确，选取1号克隆（sgRNA-*SbD4*）摇菌，并保存菌液于-80℃冰箱中。

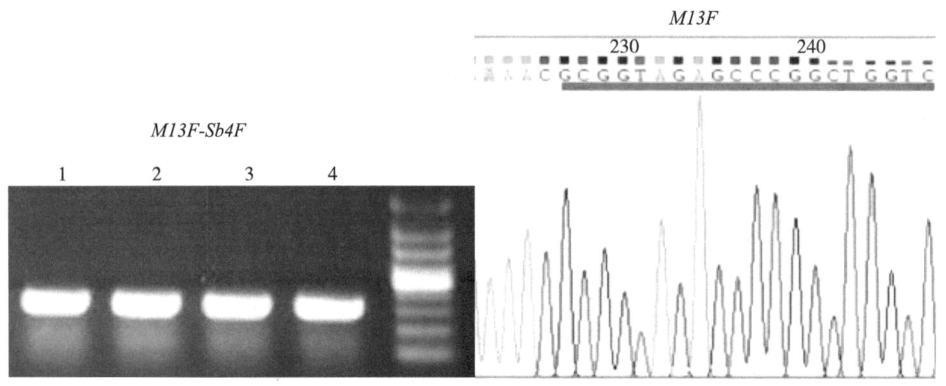

图4-4　目的片段连入pENTER OsU3B sgRNA入门载体

Figure 4-4　Target fragment insert into the pENTER OsU3B sgRNA vector

（2）通过LR反应，将sgRNA与目的片段连入pOs-cas9表达载体中，转化大肠杆菌，挑取单克隆摇菌，菌液PCR；用LR-test-F/R引物检测sgRNA（含有目的片段）片段（400bp）是否连入表达载体，用pOs-cas9-F/R引物检测*cas9*基因是否存在（900bp），1%琼脂糖凝胶电泳检测；如图4-5所示，4个单克隆全为阳性克隆，挑取1号和2号单克隆提质粒，送样品进行测序分析；PCR结果及测序结果见图4-5，其中红色划线序列即为目的序列，单克隆1号和2号测序结果均正确，说明目前构建的CRISPR载体已具备进行基因编辑必须的三要素：目的片段（*SbD4*）、向导RNA（sgRNA）和DNA片段剪切蛋白（cas9）；选取1号克隆（pOs-cas9-*SbD4*）扩摇并保存菌液于-80℃冰箱中。将质粒pOs-cas9-*SbD4*转入农杆菌EHA105中，挑取阳性克隆PCR检测，扩摇备用。

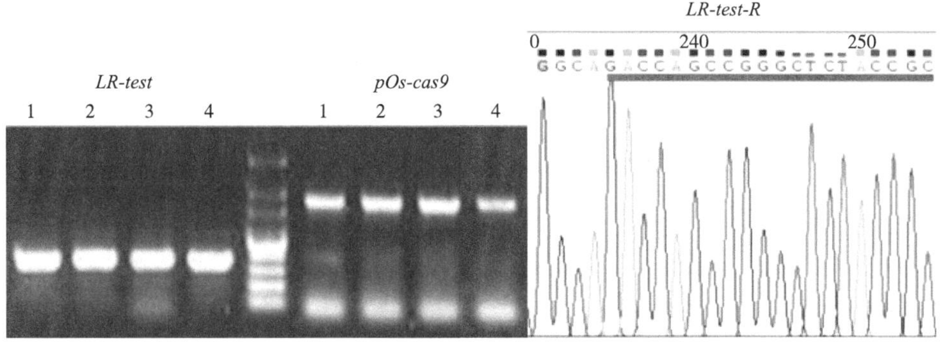

图4-5　目的片段连入pOs-cas9表达载体

Figure 4-5　Target fragment insert into the pOs-cas9 vector

（3）按照第3章建立的甜高粱遗传转化体系，以JR105为试验材料，对pOs-cas9-*SbD4*载体进行转化。

所得再生苗提取基因组DNA，用LR-test-F/R引物和pOs-cas9-F/R引物进行PCR扩增，1%琼脂糖凝胶电泳检测；如图4-6所示，PCR结果显示转化单株和阳性对照均能扩增出符合目的片段大小的产物，阴性对照植株不能扩增出目的条带；说明带有目的片段的CRISPR载体已转入高粱体内，为目的基因表型验证提供了材料。目前已有转pOs-cas9-*SbD4*载体PCR鉴定阳性苗3株（2个转化事件）。

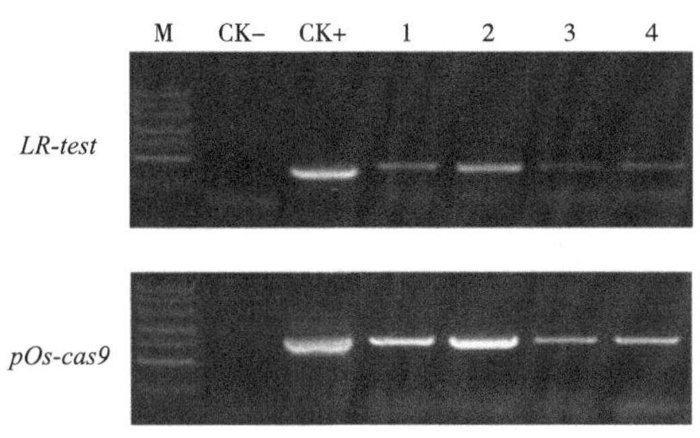

图4-6　转基因植株PCR鉴定

Figure 4-6　The PCR detection of transgenic plants

M：marker Ⅳ；CK−：未转化植株；CK+：pOs-cas9-*SbD4*质粒；1~4：转化单株

M：marker Ⅳ；CK−：no transferred plant；CK+：pOs-cas-*SbD4* plasmid；1~4：transgenic plants

4.5 本章小结

本研究获得了转*SbGABA-Ts*基因的阳性转化株系，通过表达量测定分析发现与对照相比，转基因株系中目的基因表达量有明显上升；同时获得了转*SbDry*基因的阳性转化株系，与对照相比，转基因株系在茎秆含汁量上有明显降低，因此，证实NAC转录因子*SbDry*基因调控茎秆多汁/髓质表型。综上，前期建立了农杆菌介导的甜高粱遗传转化体系，目前已经可以利用此遗传转化体系进行目的基因的功能验证。

5 甜高粱基因组测序及再生性状相关遗传位点的筛选

5.1 引言

5.1.1 甜高粱基因组学研究

自从14年前完成了第一个植物拟南芥（*Arabidopsis thaliana* L.）基因组测序的工作（Samir Kaul et al，2000）；一批又一批的植物基因组测序工作相继完成。2009年初，由美国能源部联合基因组研究所（United States Department of Energy Joint Genome Institute，DOE JGI）主持完成了对籽实高粱BTx623基因组的测序、组装及初步分析（Paterson et al，2009），其基因组大小约730Mb，约34 000个基因。高粱基因组序列较为复杂，异染色质占基因组63%，远高于水稻（*Oryza sativa*）的15%；转座子等基因组重复序列含量较高，约占基因组的62%，远高于水稻的39.5%（Luo et al，2015，景海春等，2018）。

第二代测序（Next generation sequencing，NGS）技术的发展，是推动基因组学研究方法进步的最大动力。迄今为止，二代测序技术和平台经过十几年的发展和融合，在测序质量控制和工业化流程方面，已经比较成熟（罗洪等，2015）。第二代测序技术的出现以及生物信息学的发展为科研工作者在全基因组水平上深度剖析基因组遗传变异提供了强大的技术支持。此外，基因组绝大部分的变异可能存在于一个物种单一的参考基因组序列之外，因为基因组在物种水平是动态变化的，基因组水平上这样的多态性对于提高高粱生物量和抗逆性都是一个重要的契机。

随着高粱全基因组测序的完成，研究人员试图通过比较基因组学手段挖掘甜高粱基因组变异信息及控制甜高粱主要农艺性状的关键遗传位点（景海春等，2018）。中国科学院植物研究所景海春课题组于2011年首次利用二代测序技术开展基因组重测序工作，比较了甜高粱与籽实高粱基因组变异（Zheng et al，2011），以期利用比较基因组学技术，对甜高粱基因组结构的宏观进化和系统发育进行分析。Morris等利用简化基因组测序技术以及全基因组关联分析方法，对971份高粱开展基因组测序分析工作（Morris et al，2013）；Mace等对44个高粱品种进行了重测序分析（测序深度16～45倍）（Mace et al，2013）；Carrie等对多个高粱遗传群体的1 160单株进行简化基因组测序（Carrie et al，2013）。随着测序技术的发展，高粱基因组数据在海量增加，如何高效整合和利用这些数据资源，加速重要性状分子标记开发、基因克隆、功能解析等成为关键。为此，中国科学院植物研究所景海春课题组整合了国内外48个高粱品种的全基因组重测序数据，建立了首个高粱全基因组结构变异数据库（SorGSD，http://sorgsd.big.ac.cn），为数据资源的高效整合及利用提供平台（景海春，2018）。这加快了我们挖掘甜高粱能源性状和抗逆性等相关的遗传位点，解析其分子机制以及加速能源植物甜高粱新品种培育的步伐（张丽敏，2013）。

5.1.2 全基因组关联分析

全基因组关联分析（GWAS，Genome-wide Association Study）是一种对全基因组范围内的常见遗传变异（主要为单核苷酸多态性）总体关联分析的方法，是通过进行全基因组水平上的比较和相关性分析，发现影响复杂性状遗传调控位点的一种新策略。目前通过基因芯片和等位基因特异PCR等高通量的基因型标定方法使SNP标记成为GWAS的研究对象（Lindblad et al，2000）。此技术与数量遗传学、分子遗传学、比较基因组学和生物统计学等多门学科结合，试图用较低的成本来高通量的挖掘与重要性状（表型）相关的遗传标记或基因。

实践中对复杂的遗传结构和群体结构的影响知之甚少，GWAS方法的出现，为科研工作者深入分析性状的遗传基础提供了强有力的支持。自从2005年研究人员第一次用GWAS的方法发掘到与老年性黄斑变性相关的遗传位点以来（Klein et al，2005），至今通过GWAS手段已经发现了大量控制人类遗传疾病的重要基因或遗传位点（Herbert et al，2006；Samani et al，2007；Saxena et al，2007），很多是之前未被发现和研究的基因或染色体区域，这为解析复杂表型形成机制提供了更多的线索和证据。与QTL定位相比，GWAS具有很多的优点，最主要的区别在于两种方法所用群体不同，QTL需要的是双亲群体，而GWAS可以分析所有的自然群体，在群体开发和基因型分型上省时省力；这样的群体允许捕捉两个以上的等位基因和更多的遗传多样性（Garcia et al，2003；Neumann et al，2011）。

全基因组关联分析首先被用于深入分析人类复杂性状的遗传机理（Klein et al，2005；Rosenberg et al，2010；Visscher et al，2012），近年来也被用于拟南芥等模式作物（Garcia et al，2003；Atwell et al，2010）以及许多重要作物的复杂性状遗传机理分析上，如水稻（Xu et al，2012）、大豆（*Glycine max*）（Lam et al，2010）、高粱（Mitchell et al，2008）、玉米（Flint - Garcia et al，2005）、小麦（Maccaferri et al，2006）和大麦（Rostoks et al，2006）。全基因组关联分析已经成功的用来发现水稻和玉米相关农艺性状的遗传调控基因或位点（Huang et al，2010；Jiao et al，2012）。核苷酸多态性的扫描（Bouchet et al，2012）以及关联分析（Casa et al，2008；Hufford et al，2012）也已经应用在高粱上，但是这些研究的分辨率和敏感度受到了有限的标记数量的限制（Bouchet et al，2012），需开发更多的标记用于高粱全基因组关联分析。

高粱基因组学经过这些年的发展，在新一代组学测序技术和组学分析方法的引领下，已经积累了一些成果。但与其他研究开展比较早、投入比较大的模式植物，如拟南芥、水稻和玉米等比较，依然处于初级阶段，存在一些问题和困难，同时也有广大的扩展空间。随着越来越多高粱基因组学数据的积累，如何有效利用这些大数据资源进行有效的分析也是亟待探索和解决的问题。首先，要鼓励和倡导研究机构开发高粱的二级专业数据库，并积极共享和整合数据资源。其次，目前大多数的生物信息组学工具和算法，都是基于模式生物（比如人类基因组）来开发的。高粱和模式生物的基因组特性不同，这些工具和算法并非完全适用。因此，为得到更为精确可靠的数据，需要针对高粱基因组的特性，利用试验验证，对这些工具进行参数测试和结果矫正。最后，要善于利用大数据分析和云端存储技术，以应对越来越多的大规模全基因组关联分析和基因组选择分析所带来的硬件需求问题（罗洪等，2015）。

植物再生受许多因素影响，属于较为复杂的性状，为深入研究其遗传机理，本试验用全基因组关联分析的方法对影响高粱再生的两个因素进行分析，以期获得高粱再生性状相关遗传位点，为高粱再生和遗传转化调控机理的研究打下基础。

5.2 材料与方法

5.2.1 表型数据的测定

本研究测定了高粱再生效率和粒色这两个与高粱再生相关的性状，同时测定与生物量相关的部分性状，包括株高、茎粗、秆重、粒重、穗粒重及茎秆含糖量等。

5.2.1.1 再生相关性状

高粱再生效率（Regeneration efficiency，Re）测定是取旗叶期，2～5cm长幼穗诱导愈伤组织，分化出苗，计算愈伤组织再生效率；籽粒颜色（Seed_color，Sc）主要有白色、黄色、褐色及红（褐）色4种。

5.2.1.2 生物量相关性状

株高（Plant_height，Ph）是从茎秆基部到穗顶的长度（cm）；茎粗（Stem_diameter，Sd）是测量茎秆从基部向上数第六节中间部位茎秆粗度（mm）；秆重（Culm_weight，Cw）是去除叶片和穗后茎秆的重量（g）；粒重（Grain_weight，Gw）是1 000粒种子的重量（g）；穗粒重（Spike_grain_weight，Sgw）是称取单株穗的籽实重量；茎秆含糖量（Brix°）是用手持式折光仪测量基部向上数第六节茎秆锤度。

5.2.2 基因型分析

74个高粱品种用已报道的通过基因芯片开发的2 620个SNP标记（Bekele et al，2013）进行基因型分型。

5.2.3 关联分析数据处理

本研究采用GAPITV2.0（http://www.maizegenetics.net/#!gapit/cmkv）进行GWAS分析。GAPIT是Genomic Association and Prediction Intergrated Tool的简称，该程序利用EMMA、CMLM和P3D（Kang et al，2008；Zhang et al，2010b）进行GWAS和基因组选择的R语言计算机程序包，可处理海量SNP分型数据，自动生成各种图表文件。

本研究原始2 620个SNP位点，过滤掉全为NN的位点和突变率小于0.05的位点，剩余2 486个SNP位点作为GAPIT基因型数据。其中基因型数据需要转化为Hapmap格式，如表5-1所示。表型数据用tab键分开，空值用“NN”或者“NA”表示，如表5-2所示。软件运行部分参数为“kinship.algorithm = EMMA，PAC.total = 3，SNP.MAF> = 0.05，Model.selection = TRUE”，其余参数为默认参数。最后每个性状可以得到17种结果文件，包括PCA结果图、QQ-plot图、曼哈顿图以及关联分析结果位点图等。

表5-1 基因型数据的Hapmap格式

Table 5-1 The genotype data of Hapmap format

rs	alleles	chrom	pos	center	panel	QCcode	128	2001
chr1_78062	T/G	1	78062	BI	Sorghum	NA	NN	GG
chr1_1237572	A/G	1	1237572	BI	Sorghum	NA	GG	GG
chr1_1326284	A/C	1	1326284	BI	Sorghum	NA	CC	CC

（续表）

rs	alleles	chrom	pos	center	panel	QCcode	128	2001
chr1_1851868	A/G	1	1851868	BI	Sorghum	NA	AA	AA
chr1_2066762	G/A	1	2066762	BI	Sorghum	NA	AA	NN
chr1_2310334	T/G	1	2310334	BI	Sorghum	NA	GG	GG
chr1_2588812	A/G	1	2588812	BI	Sorghum	NA	GG	AA
chr1_2640829	A/G	1	2640829	BI	Sorghum	NA	GG	AA
chr1_3496831	G/A	1	3496831	BI	Sorghum	NA	AA	AA
chr1_4143200	A/C	1	4143200	BI	Sorghum	NA	AA	AA
chr1_4272673	A/G	1	4272673	BI	Sorghum	NA	AA	AA
chr1_4624044	A/G	1	4624044	BI	Sorghum	NA	AA	GG
chr1_4637944	A/G	1	4637944	BI	Sorghum	NA	GG	AA
chr1_5179399	A/G	1	5179399	BI	Sorghum	NA	AG	AG
chr1_5902183	A/G	1	5902183	BI	Sorghum	NA	GG	GG
chr1_6384326	A/G	1	6384326	BI	Sorghum	NA	GG	GG
chr1_6399864	A/G	1	6399864	BI	Sorghum	NA	AA	AA
chr1_6545448	A/G	1	6545448	BI	Sorghum	NA	GG	GG

表5-2　表型数据统计格式

Table 5-2　The phenotypic data format

Trait	Re（%）	Sc	Sgw	Gw	Brix（°）	Sd	Ph	Cw
2011	0.00	2	34.9	18.3	15.0	1.90	217	795.00
2054	0.36	2	41.3	15.2	18.0	1.76	228	477.14
2056	0.83	1	51.4	15.5	17.5	1.95	261	971.43
2058	0.56	2	48.2	32.5	18.8	1.95	151	485.71
2064	0.83	2	23.1	18.3	15.9	1.81	196	896.67

（续表）

Trait	Re（%）	Sc	Sgw	Gw	Brix（°）	Sd	Ph	Cw
2065	1.00	2	52.4	21.4	18.1	1.38	268	191.67
2069	1.00	2	36.4	19.3	17.1	1.86	220	556.67
2070	0.86	2	58.3	20.3	17.5	1.8	291	872.86
2073	0.50	3	63.5	35.7	18.0	1.93	235	905.00
2077	0.68	2	36.4	14.1	19.0	1.90	274	943.33
2080	1.00	2	31.6	15.8	20.1	1.84	247	821.43
2083	1.00	2	47.6	19.9	18.2	1.83	250	742.50
2087	0.83	2	NaN	20.66	17.1	1.76	277	745.71
2088	0.82	2	NaN	25.14	13.6	1.94	295	737.14

5.2.4 全基因组样本的SNPs关联分析统计学模型

GAPIT采用“Q+K”方法，即基于SNP标记的主成分和亲缘关系矩阵校正固定效应和随机效应，提高GWAS分析的统计效率，是为统计遗传学开发的先进方法之一（Lipka et al，2012）。详细内容请参考网址：http://www.maizegenetics.net/gapit。

混合线性模型包括固定效应和随机效应，本研究的样本是随机样本，所以采用混合线性模型（Mixed linear model，MLM）进行统计学分析。MLM模型可以用亨得利矩阵符号表示如下所示：

$$Y=X\beta+Z\mu+e$$

其中，Y表示观察到的表型值向量，这里是校正表型值；β是包括固定效应的未知向量，包括群体结构Q、基于遗传标记和截距；μ是来自个体多重背景QTL随机附加遗传效应的未知向量；X、Z是已知设计的β和μ的关联矩阵；e是随机残差效应向量，e和μ向量假定服从正态分布：

$$\mathrm{Var}\begin{pmatrix}\mu \\ e\end{pmatrix}=\begin{pmatrix}G & 0 \\ 0 & R\end{pmatrix}$$

$G=\sigma_a^2K$，其中σ_a^2加性效应遗传方差，K为亲缘关系矩阵；$R=\sigma_e^2I$，其中σ_e^2为剩余残差，I为单位矩阵。

5.3 结果与讨论

5.3.1 SNPs分子标记与不同高粱品系亲缘关系聚类分析

通过GAPIT程序计算主成分分析结果，选取前两个主成分进行全基因组关联样本分层检查。如图5-1所示为GAPIT软件分析得到的主成分分析结果，横轴为主成分1（PC1），纵轴为主成分2（PC2），74个品种明显分为4个区域，样本群体存在明显分层现象。同样，如图5-2所示，基于标记的亲缘关系聚类图上也可看出群体明显分为4个区域，说明本研究所选的模型可以明显的把群体进行聚类分层。

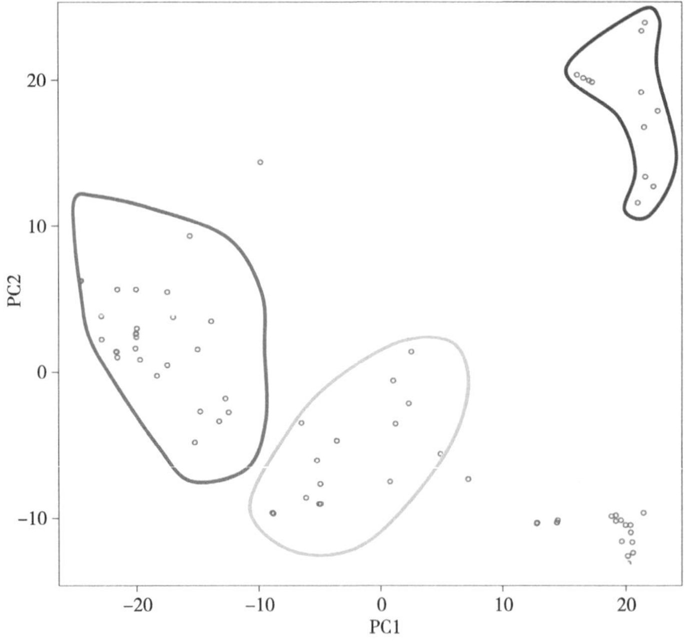

图5-1 通过GAPIT程序利用主成分分析法对74个高粱群体进行群体结构分层

Figure 5-1 Principle component analysis of 74 sorghum varieties for population structure analysis. See material and methods for details

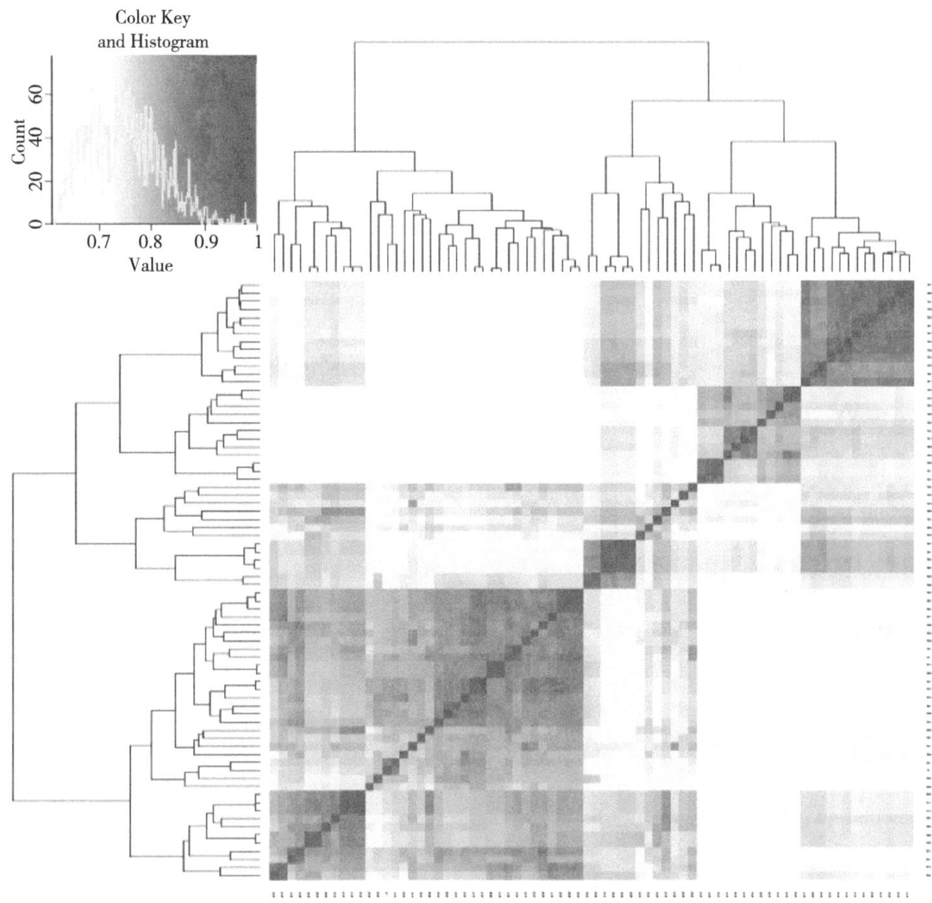

图5-2 基于2 486个SNPs分子标记和74个高粱品系的亲缘关系聚类

Figure 5-2 Heatmap and dendogram of a EMMA-algorithm based kinship matrix contructed from genotyping 74 *Sorghum bicolor* lines with 2 486 SNPs molecular markers

5.3.2 全基因组关联分析结果

5.3.2.1 与高粱再生相关性状关联的SNP位点分析

Kosambo-Ayoo等（2011）研究发现籽粒颜色可能影响高粱幼胚脱分化产生愈伤组织，进而影响植株再生；籽粒颜色相对较浅的高粱品种比籽粒颜色深的品种更易于诱导愈伤组织。研究选取10个高粱品种进行幼胚诱导愈伤以及植株再生的试验，结果发现籽粒颜色相对浅的品种871300和Mn-

3025，幼胚脱分化产生愈伤组织及植株再生出苗效率较高，达90%左右；籽粒颜色相对较深的品种E-Tian和2070等，幼胚脱分化过程中褐化现象严重，不能诱导出愈伤组织（表5-3）。因此粒色可作为影响再生的一个因素。图5-3是高粱中常见的几种粒色。

通过全基因组关联分析发现，9个SNP位点与再生效率显著关联（$P<0.05$），并且有一个SNP位点位于基因*Sb02g028620*上（表5-4）。通过全基因组关联分析发现有3个位于基因上的SNP位点与其显著关联（$P<0.01$），分别是chr1_1237572位于基因*Sb01g001290*上，chr4_11253399位于基因*Sb04g009220*上以及chr8_956248位于基因*Sb08g001010*上。

表5-3　不同基因型幼胚脱力化诱导愈伤及再分化出苗情况

Table 5-3　The callus induction and plant regeneration of different sorghum varieties

品种	高粱类型	籽粒颜色	外植体	出愈率（%）	出苗率（%）
871300	籽实	白色	幼胚	92.3 ± 1.53	92.3 ± 1.53
Mn-3025	甜	黄	幼胚	91.7 ± 2.52	91.7 ± 2.52
Ji2731	籽实	褐色	幼胚	52.7 ± 1.56	52.7 ± 1.56
2072	甜	黄	幼胚	58.7 ± 2.49	58.7 ± 2.49
2054	甜	褐	幼胚	0	0
2056	甜	红褐色	幼胚	0	0
2069	甜	红褐色	幼胚	0	0
2070	甜	红褐色	幼胚	0	0
E-Tian	甜	红褐色	幼胚	0	0
Keller	甜	红褐色	幼胚	0	0

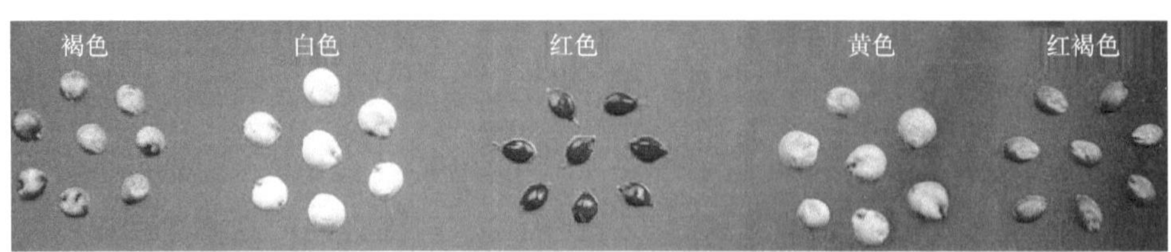

图5-3　不同高粱品种籽粒颜色比较

Figure 5-3　The grain color of different sorghum varieties

表5-4 与再生性状相关联SNP位点

Table 5-4 SNPs associated with regeneration efficiency

性状	标记	染色体	位置	*P*值	*Maf*	基因
再生效率	chr2_63799878	2	63799878	0.028 6	0.061 1	*Sb02g028620*
	chr2_12739075	2	12739075	0.017 4	0.061 1	
	chr1_23738944	1	23738944	0.037 5	0.061 1	
再生效率	chr2_65391657	2	65391657	0.028 6	0.061 1	
	chr4_65665765	4	65665765	0.024 9	0.061 1	
	chr5_27070974	5	27070974	0.037 5	0.061 1	
	chr2_65391758	2	65391758	0.038 4	0.061 1	
	chr10_56379046	10	56379046	0.048 5	0.061 1	
粒色	chr1_1237572	1	1237572	0.006 23	0.143 8	*Sb01g001290*
	chr4_11253399	4	11253399	0.005 65	0.465 8	*Sb04g009220*
	chr8_956248	8	956248	0.009 43	0.198 6	*Sb08g001010*

5.3.2.2 与生物量相关性状关联的SNP位点分析

SNP与生物量相关性状关联分析结果（表5-5）显示，1个SNP位点（chr5_9589469）与茎秆含糖量（Brix°）显著相关（$P<0.01$），位于基因*Sb05g006250*上；3个SNP位点与秆重显著相关（$P<0.01$），分别是chr1_48452824位于基因*Sb01g027820*上、chr3_6987453位于基因*Sb03g006750*上以及chr7_9247757位于基因*Sb07g006380*上；3个SNP位点与千粒重显著相关（$P<0.01$），分别是chr10_55850404，位于基因*Sb10g026420*上，chr3_4000369位于基因*Sb03g003740*上，chr6_57425575位于基因*Sb06g028670*上；2个SNP位点与穗粒重显著相关（$p<0.01$），分别是chr10_55850404，位于基因*Sb10g026420*上，chr5_45815848位于基因*Sb05g018936*上；1个SNP位点chr8_52033501与穗粒重显著

相关（P<0.01），位于基因*Sb08g020740*上；2个SNP位点与茎粗显著相关（P<0.01），分别是chr10_13833465位于基因*Sb10g010680*上，chr9_6651878位于基因*Sb09g005195*上。

表5-5 性状与SNPs位点关联分析结果

Table 5-5 The result of traits associated with SNPs

性状	标记	染色体	位置	*P*值	*Maf*	基因
锤度	chr5_9589469	5	9589469	0.004 79	0.195 9	*Sb05g006250*
秆重	chr1_48452824	1	48452824	0.003 05	0.432 4	*Sb01g027820*
	chr3_6987453	3	6987453	0.008 24	0.101 3	*Sb03g006750*
	chr7_9247757	7	9247757	0.008 91	0.195 9	*Sb07g006380*
千粒重	chr10_55850404	10	55850404	0.003 77	0.297 2	*Sb10g026420*
	chr3_4000369	3	4000369	0.002 59	0.094 5	*Sb03g003740*
	chr6_57425575	6	57425575	0.008 63	0.054 0	*Sb06g028670*
株高	chr8_52033501	8	52033501	0.008 13	0.412 1	*Sb08g020740*
穗粒重	chr10_55850404	10	55850404	0.000 97	0.283 5	*Sb10g026420*
	chr5_45815848	5	45815848	0.004 64	0.074 6	*Sb05g018936*
茎粗	chr10_13833465	10	13833465	0.009 64	0.094 5	*Sb10g010680*
	chr9_6651878	9	6651878	0.003 22	0.222 9	*Sb09g005195*

5.3.2.3 相关基因的功能注释分析

同时，本研究对以上所关联的基因进行了功能注释分析（表5-6）。

（1）与再生性状相关基因的功能注释。与再生效率关联的基因*Sb02g028620*和与粒色关联的基因*Sb08g001010*功能注释为与常规催化和代谢活动等有关；另一与粒色关联的基因*Sb01g001290*功能注释为与B细胞受体相关蛋白，与细胞间蛋白转运相关；*Sb04g009220*基因暂无功能注释；本研究初步确定了4个与高粱再生相关的基因，需要进行进一步功能分析来验证其准确性。

（2）与生物量相关基因的功能注释。与千粒重、穗粒重、茎粗及秆重相关联的基因多数注释到ATP-binding、催化以及代谢活动相关的功能上；其中基因*Sb03g003740*与千粒重相关联，其功能注释与种子萌发、休眠等有关，也与营养生长组织结构向生殖生长组织结构分化有关，同时它还调控花的发育，这些功能与千粒重性状关系密切，可作为转基因功能验证候选基因。

表5-6 与不同性状关联的基因的GO注释、KEGG分析

Table 5-6 GO annotation，KEGG analysis of the genes associated with different traits

性状	基因	GO	KEGG	功能
再生效率	*Sb02g028620*	GO：0005524		NAD dependent epimerase/dehydratase family
		GO：0003824		metabolic process
		GO：0050662		catalytic activity
籽粒颜色	*Sb01g001290*	GO：0006886		B-cell receptor-associated protein and related proteins，intracellular protein transport
	Sb04g009220			无功能注释
	Sb08g001010	GO：0008152	KEGG：01897	metabolic process；long-chain acyl-CoA synthetase
		GO：0003824		catalytic activity
茎秆含糖量	*Sb05g006250*			无功能注释
秆重	*Sb01g027820*	GO：0008152		metabolic process
		GO：0003824		catalytic activity
	Sb03g006750	GO：0030247		polysaccharide binding
	Sb07g006380	GO：0016779		nucleotidyltransferase activity
		GO：0009058		biosynthetic process

（续表）

性状	基因	GO	KEGG	功能
千粒重	*Sb10g026420*	GO：0005524		ATP binding
		GO：0009881		photoreceptor activity
		GO：0003913		DNA photolyase activity
		GO：0006281		DNA repair
	Sb03g003740	GO：0005524		ATP binding
		GO：0009845		seed germination
		GO：0010162		seed dormancy process
		GO：0010228		vegetative to reproductive phase transition of meristem
		GO：0009908		flower development
		GO：0009909		regulation of flower development
	Sb06g028670	GO：0005524	KEGG：13339	ATP binding
株高	*Sb08g020740*	GO：0016817		hydrolase activity，acting on acid anhydrides
穗粒重	*Sb10g026420*	GO：0005524		ATP binding
		GO：0003913		DNA photolyase activity
		GO：0006281		DNA repair
	Sb05g018936			无功能注释
茎粗	*Sb10g010680*	GO：0043531		ADP binding
		GO：0006915		apoptotic process
	Sb09g005195	GO：0006468		protein binding；Protein kinase domain
		GO：0005515		ATP binding

高粱再生是一个非常复杂的过程，需要一系列与催化和代谢活动的物质的参与，同时细胞间蛋白转运也可能会影响再生过程。本研究中通过全基因组关联分析得到1个与再生效率相关的基因以及3个与粒色相关的基因，后期

还需进行试验验证。在获得与再生相关位点的同时，获得一个与千粒重紧密关联的基因，可作为下一步转基因功能验证的候选基因。

5.4 小结

本研究初步挖掘与再生相关的遗传位点：

（1）通过全基因组关联分析方法，初步确定与再生相关的4个位于基因上的SNP位点。分别是与再生效率相关的一个SNP位点chr2_63799878，位于基因*Sb02g028620*上；与粒色（间接影响再生）相关的3个SNP位点，分别是chr1_1237572位于基因*Sb01g001290*上，chr4_11253399位于基因*Sb04g009220*上以及chr8_956248位于基因*Sb08g001010*上。

（2）本研究同时分析了8个与生物量相关的性状，确定1个与千粒重紧密相关的SNP，位于基因*Sb03g003740*的CDS区，此基因作为功能验证候选基因。

6 基于提高CRISPR/Cas基因编辑效率的研究进展

基因工程，特别是转基因和基因编辑技术，对人类的福祉和安全带来机遇和挑战，坚守生物安全底线早已是国际社会的共识（于辉和徐涵，1997），而生物安全的前提是基因工程技术的精准、高效和可控。目前基因测序技术的迅猛发展使很多物种的全基因组序列得到展现。为揭示各基因的功能，对基因序列进行精准而有效的编辑是实验分子生物学直接和有效的方法。基因编辑（Gene editing/Genome editing），不仅有利于基因功能的研究，而且对植物的遗传育种具有重大意义。本研究主要通过对CRISPR/Cas系统的技术原理、晶体结构等进行分析，同时综合前人对编辑效率提高的研究，以期为提高基因编辑效率提供参考。

6.1 CRISPR/Cas技术的发现

现有的基因编辑系统主要包括锌指核酸酶（zinc finger nucleases，ZFNs）系统、类转录激活因子效应物核酸酶（Transcription activator-like effector nucleases，TALENs）系统以及CRISPR/Cas（Clustered regularly interspaced short palindromic repeat-associated protein）系统（Gaj et al，2013；李希陶和刘耀光，2016）。ZFN和TALEN技术均依赖蛋白质对DNA

序列的特异性识别，载体组装的复杂性是它们在基因编辑中应用的主要障碍。2013年，CRISPR/Cas[成簇的、规律间隔的短回文重复序列及相关蛋白（Clustered regularly interspaced short palindromic repeats）/Associated protein]技术作为第三代基因组编辑技术迅速发展起来（Jinek et al，2013；Marraffini，2015）。CRIPSR/Cas体系普遍存在于细菌中，是细菌的一种适应性免疫体系，可使细菌高效辨认和切割入侵的外源核酸。CRISPR/Cas体系可将外源DNA片断捕获并将其插入细菌基因组CRISPR-array中，转录产生向导CRISPR/RNA（crRNA）后，进而引导Cas核酸内切酶切割入侵外源核酸。CRISPR/Cas系统包含3种类型：Ⅰ型、Ⅱ型和Ⅲ型。Ⅰ型和Ⅲ型系统较为复杂，需要多个Cas蛋白形成复合物开展切割；而Ⅱ型系统仅需要一个Cas蛋白即可对外源核酸进行更高效、特异的切割，成为基因编辑工具的最佳选择（单琳琳和夏海滨，2018）。随着研究的深入，CRISPR/Cas技术编辑效率（脱靶效应、蛋白切割效率以及递送方法）的问题亟待解决。

6.2 CRISPR/Cas系统的技术原理

目前，广泛应用的Cas9蛋白属于基因编辑的第二类系统（Hsu et al，2014），Cas12a（Cpf1）、Cas13a（C2c2）等其他类型的Cas蛋白也相继被发现（Abudayyeh et al，2016；Zetsche et al，2015），进一步丰富了CRISPR/Cas系统，其中几个基因编辑系统的基础信息见表6-1。在多样性自然进化系统中这种固有的可编程性的存在，使CRISPR/Cas系统的应用扩展到了精确的基因组编辑领域（Knott et al，2018；Murugan et al，2017）。

CRISPR/Cas9系统中Cas9核酸酶发挥作用，引导RNA（sgRNA）需要crRNA和tracrRNA形成复合体才能引导Cas9蛋白识别靶位点，然后蛋白的2个核酸内切酶结构域分别对DNA的2条单链进行特异性切割（Nishimasu et al，2018）；Cas9核酸内切酶对靶位点的识别切割依赖靶序列3′端的PAM序列。不同的Cas9核酸内切酶对应的PAM序列亦不同，例如，spCas9核酸内切酶PAM序列为“NGG”（Nishimasu et al，2018），而saCas9核酸内切酶PAM序列为（NNGRRT）（Nishimasu et al，2015）。

表6-1　3个CRISPR/Cas系统基本信息的比较

Table 6-1　Comparison of CRISPR/Cas systems

基因组编辑系统	来源	CRISPR/Cas类型	Cas蛋白结构域	向导RNA	DNA识别区DNA	切割机制	附属切割活性	基因编辑对象
CRISPR/Cas9系统	化脓链球菌（*Streptococcus pyogenes*）	第二大类Ⅱ型	HNH、RuvC	tracrRNA、crRNA	PAM序列（5'NGG）	平末端	无	dsDNA
CRISPR/Cas12a系统	氨基酸球菌属（*Acidaminococcus*）	第二大类Ⅴ型	RuvC、TS	crRNA	PAM序列（5'TTN）	黏性末端	有	dsDNA
CRISPR/Cas13a系统	沙氏纤毛菌（*Leptotrichia shahii*）	第二大类Ⅵ型	两个HEPN	crRNA	PFS序列（3'A、U或C）	特定RNA的切割	有	ssRNA

CRISPR/Cas12a系统发挥切割作用的核酸内切酶Cas12a（Cpf1）与Cas9蛋白相比，具备以下特点：①CRISPR/Cas12a系统的引导RNA不需要tracrRNA，只需要crRNA即可发挥作用，Cas12a-crRNA复合体较小，进入细胞或组织更加容易。②核酸内切酶切割位置距离DNA靶点较远，在编辑位点上为基因组DNA编辑提供了更多选择。③与Cas9切割双链DNA产生的缺口是平末端，Cas12a切割产生的缺口是黏性末端，此末端更易于DNA的插入（单琳琳和夏海滨，2018）。

CRISPR/Cas13a系统发挥切割作用的核酸内切酶为Cas13a（C2c2）蛋白，包含2个高等真核生物和原核生物核苷酸结合结构域，具有RNA介导的RNA酶切割活性，可以切割单链RNA（single-stranded RNA，ssRNA）（Tambe et al，2018）。相比Cas9和Cas12a，Cas13a核酸内切酶使CRISPR系统在基因编辑领域的应用更为广阔。

6.3　CRISPR/Cas系统的晶体结构

蛋白质的一级结构决定高级结构，高级结构决定生物功能，因此要想充分研究CRISPR/Cas系统的功能以及存在的问题，就需要对其结构有更清楚的了解，解析CRISPR/Cas系统的晶体结构以期找到限制CRISPR/Cas系统发展的关键因素。

6.3.1　Cas9蛋白的晶体结构

科研工作者目前已对SpCas9蛋白的晶体结构进行解析，研究发现SpCas9蛋白由1 368个氨基酸残基构成，包括REC-lobe和NUC-lobe 2个叶片状（lobe）结构（图6-1A）分别负责靶DNA的识别以及剪切工作；REC-lobe包括REC1、REC2以及1个长的α螺旋区域3个结构域，NUC-lobe包括RuvC、HNH以及PI（PAM interaction，PI）3个结构域；另外，RuvC结构域可与PI结构域相互作用，形成一个可与sgRNA发生相互作用的带正电荷的表面（Nishimasu et al，2014；Jinek et al，2014）。REC-lobe和NUC-lobe间可形成带正电荷的凹槽，在此凹槽内，SpCas9、sgRNA和靶DNA三者可以相互作用，完成对双链DNA的切割；在相互作用的过程中，首先REC-lobe与sgRNA结合，两者协同作用在靶DNA上寻找PAM序列；然后，sgRNA与靶DNA上的碱基互补配对，REC-lobe完成了对靶DNA的识别；接着，NUC-lobe中的RuvC和HNH结构域分别对靶DNA的两条链进行切割，完成NUC-lobe对靶DNA的剪切功能（图6-1B）。SpCas9蛋白单独存在是无活性的，当其与sgRNA结合后，SpCas9蛋白的构象会发生巨大的变化，处于活性状态，完成对靶DNA的切割（Nishimasu et al，2014；Jinek et al，2014）。

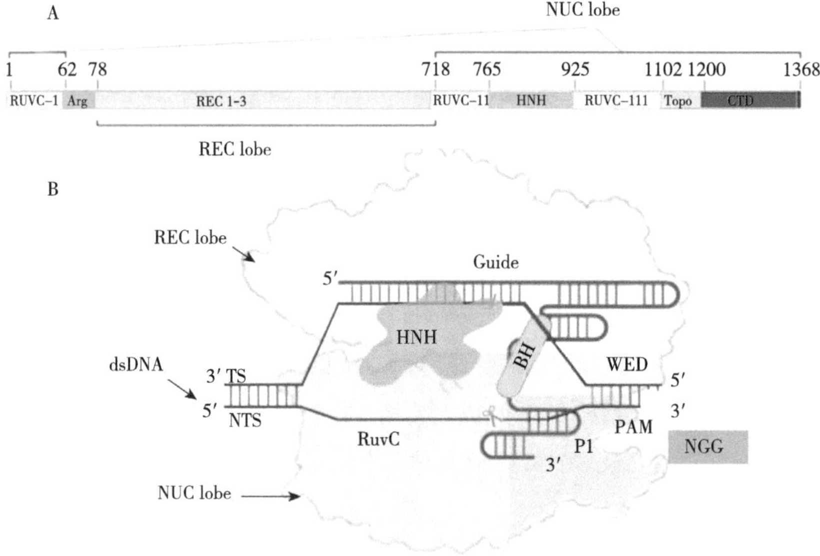

图6-1　Cas9-sgRNA-靶DNA的结构示意图（摘自Nishimasu，2014，经过修改）

Figure 6-1　Overall structure schematic diagram of the Cas9-sgRNA-target DNA complex（adopted from Nishimasu，2014 with modifications）

A：Cas9蛋白的结构域组织示意图；B：Cas9-sgRNA-靶DNA复合体作用机制的示意图

A：Domain organization of S. pyogenes Cas9；B：Schematic representation of the Cas9-sgRNA-target DNA complex

6.3.2　Cas12a（Cpf1）蛋白的晶体结构

黄志伟团队最先解析了LbCpf1系统的晶体结构（Dong et al，2016）。

LbCpf1蛋白结构呈三角形结构，中间是一个带有正电荷的凹槽。在未与crRNA结合时LbCpf1蛋白处于松散的构象，结合后crRNA发卡结构与LbCpf1蛋白紧密结合，LbCpf1-crRNA的复合体由N端螺旋结构域、C端RuvC结构域及中央的寡核苷酸结合结构域（Oligonucleotide-binding domain，OBD）3部分组成；OBD中的一个凸起的环状螺旋结构对LbCpf1蛋白与底物的结合起决定性作用；crRNA的3′末端与靶DNA的配对同样位于三角形结构的凹槽内，仅crRNA的重复序列部分就可以引起LbCpf1蛋白构象的巨大改变，不需要tracrRNA的参与（图6-2）（Dong et al，2016）。

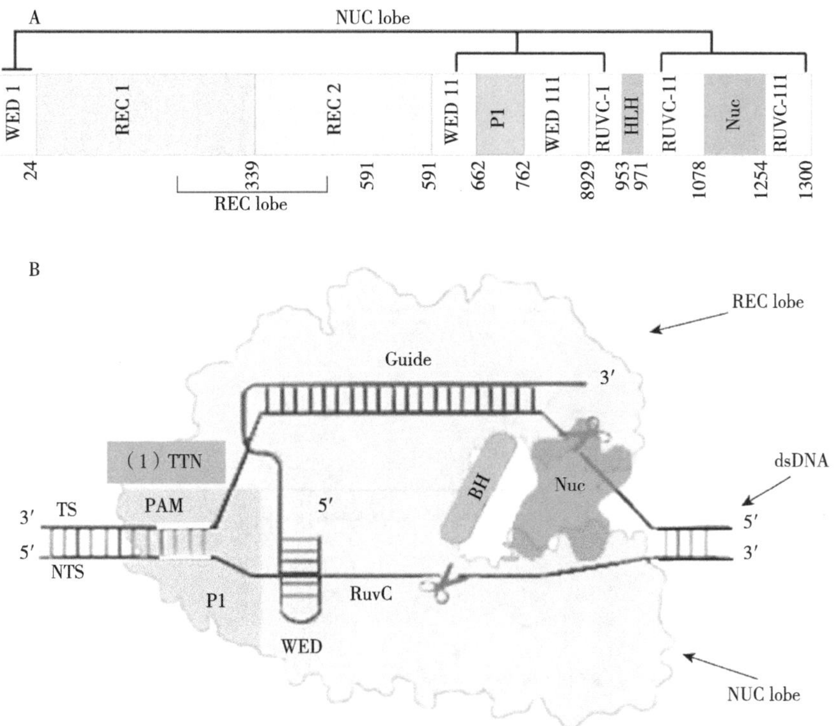

图6-2　LbCpf1-crRNA-靶DNA的结构示意图（摘自Dong，2016，经过修改）

Figure 6-2　Overall structure schematic diagram of the LbCpf1-crRNA-target DNA complex（adopted from Dong，2016 with modifications）

A：LbCpf1蛋白的结构域组织示意图；B：LbCpf1-crRNA-靶DNA复合体作用机制的示意图

A：Domain organization of LbCpf1；B：Schematic representation of the LbCpf1-crRNA-target DNA complex

6.3.3 Cas13a（C2c2）蛋白的晶体结构

Cas13a（C2c2）蛋白属于第二类Ⅵ型CRISPR/Cas系统的核酸内切酶，对LshC2c2晶体结构的解析显示，该蛋白同样包括REC-lobe和NUC-lobe 两个叶片状（lobe）结构分别负责靶DNA的识别以及靶序列的剪切工作；REC-lobe由N端结构域（N-terminal domain，NTD）和Helical-1结构域构成，NUC-lobe由Helical-2结构域及两个HEPN结构域构成；与SpCas9和LbCpf1蛋白不同的是REC-lobe中的NTD结构域高度保守，NTD结构域与Helical-1结构域间包含有催化pre-crRNA成熟的位点；crRNA与LshC2c2蛋白结合会使LshC2c2蛋白构象发生巨大改变（图6-3）（Liu et al，2017a；2017b）。

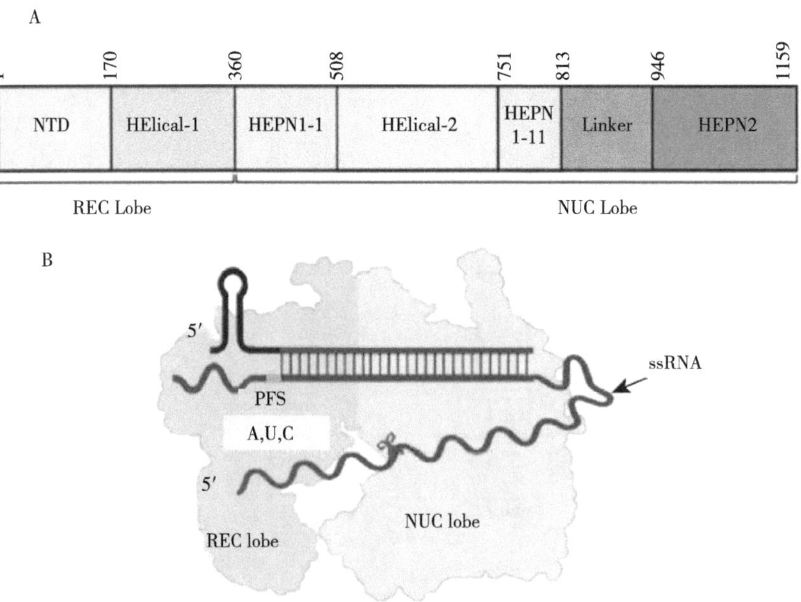

图6-3 LbuCas13a-crRNA-靶RNA的结构示意图（摘自Liu，2017b，经过修改）

Figure 6-3 Overall structure schematic diagram of the LbuCas13a-crRNA-Target RNA complex（adopted from Liu，2017b with modifications）

A：LbuCas13a的结构域组织；B：LbuCas13a-crRNA-靶RNA复合体作用机制的示意图

A：Domain organization of LbuCas13a；B：Schematic representation of the LbuCas13a-crRNA-target RNA complex

6.4 基因编辑效率存在问题及研究进展

尽管以CRISPR/Cas为工具的基因编辑技术发展迅速，与其相关的技术还有很多问题亟待解决，如脱靶效应、基因编辑效率不够高等问题。针对这些问题，人们一直在寻找新的解决方法，例如，开发更精确的脱靶效应检测方法、修饰Cas蛋白或sgRNA从而提高复合物的稳定性，以及尝试新的递送方法等。

6.4.1 脱靶与基因编辑

在CRISPR/Cas系统进行定点基因编辑过程中，间隔区序列与目标基因序列进行碱基互补配对时，对目标DNA序列的匹配具有一定程度的容忍度，允许个别碱基的错配，这一特点导致基因组中与目标DNA序列有较少碱基差别的非目标DNA也会被误切，基因编辑中这种现象称为脱靶现象，脱靶现象的存在很大程度上阻碍了CRISPR/Cas系统在生产实践中的应用（王影等，2018）。

CRISPR/Cas9脱靶现象首先在人类细胞中被验证（Fu et al，2013）。Keith团队发现CRISPR/Cas9系统在人类细胞中的脱靶切割频率较高，甚至存在5个碱基差别的非目标基因仍可被切割，并因此导致突变（Fu et al，2013）。在整个目标基因的识别过程中，sgRNA和PAM发挥非常重要的作用，脱靶的产生也很大程度上源自对目标基因识别准确性的降低；除sgRNA和PAM的影响之外（Patrick e et al，2013；Pattanayak et al，2013），Cas9蛋白的构象以及切割方式也影响基因编辑系统的精确度（Cho et al，2014）。表6-2列举了目前在sgRNA的设计、PAM序列设计、CRISPR系统的优化（Cas9的构象、Cas9-sgRNA的用量等）等3个方面在降低脱靶效应方面的研究。

表6-2　旨在降低脱靶效应的基因编辑研究

Table 6-2　Research aimed at reducing off-target in genome editing

序号	sgRNA的设计	PAM序列设计	CRISPR系统的优化	参考文献
1	sgRNA的核心序列靠近PAM端的8～12个碱基	—	—	Pattanayak et al（2013）
2	sgRNA的核心序列靠近PAM端1～5个碱基	—	—	Wu et al（2014）
3	基因编辑效率同sgRNA种子区GC含量成正比；并且核心区3个以上错配	—	—	Ren et al（2014）
4	GC含量在40%～60%	—	—	Wang et al（2014）
5	PAM远端第15个碱基为胞嘧啶	—	—	Labuhn et al（2018），Cencic et al（2014）
6	缩短的sgRNA序列（17bp或者18bp）	—	—	Fu et al（2014），Singh et al（2018）
7	5′端增加2个鸟嘌呤（称为gg X20 sgRNAs）	—	—	Kim et al（2016）
8	2-氟核糖修饰crRNA	—	—	Rahdar et al（2015）
9	2′-O-甲基3′-硫代磷酸酯（MS）修饰crRNA	—	—	Hendel et al（2015）
10	2′，4′-BNANC[N-Me]桥式核酸和LAN锁核酸修饰crRNA	—	—	Cromwell et al（2018）
11	DNA核苷酸替换crRNA 5′和3′端的部分RNA核苷酸	—	—	Yin et al（2018）

（续表）

序号	sgRNA的设计	PAM序列设计	CRISPR系统的优化	参考文献
12	—	在基因组中查找其他PAM序列	—	Doench et al（2016），Meng et al（2018）
13	—	利用PAM序列更长的Cas9蛋白	—	Müller et al（2016）
14	—	—	CRISPR/Cas9-nickase 基因编辑技术	Jinek et al（2012），Dianov et al（2013）
15	—	—	CRISPR/dCas9-FoKI 基因编辑技术	Wyvekens et al（2015）
16	—	—	增强型突变体 eSp-Cas9	Slaymaker et al（2016）
17	—	—	高保真突变体 Sp-Cas9-HF1	Kleinstiver et al（2016）
18	—	—	高精度突变体 HypaCas9	Chen et al（2017）
19	—	—	控制Cas9-sgRNA 用量	Pattanayak et al（2013），Shalem et al（2014），Hsu et al（2013）

6.4.2 Cas蛋白切割效率

基因组编辑效率（Efficiency of genome editing）指转化事件中目的基因被成功编辑（发生插入、缺失或替换等）的百分数（Zhu et al，2017）。基因编辑效率的提高对CRISPR/Cas9基因编辑技术的开发应用具有重要作用。目前科研工作者主要通过CRISPR/Cas9基因编辑系统的内部序列优化、基因编辑递送系统的改善以及基因编辑修复策略的改变等方面的研究来提高编辑效率。

6.4.2.1 优化CRISPR/Cas9基因编辑序列

（1）密码子优化。根据研究对象进行密码子优化可以有效提高基因编辑效率。Xing等研究发现经过密码子优化后的Cas9基因对玉米基因编辑效率有重要影响，经过玉米自身密码子优化后的Cas9比经过人类密码子优化的Cas9获得的基因编辑效率更高（Xing et al，2014）。

（2）启动子选择。研究表明使用不同的启动子启动sgRNA转录对基因编辑效率有影响。Xing等构建了分别含AtU6-26启动子、OsU3启动子和TaU3启动子的CRISPR/Cas9载体启动sgRNA转录，对目标基因*ZmHKT1*的基因编辑效率分别是14.5%、26.3%和33.8%。因此在玉米基因编辑系统构建时TaU3启动子启动sgRNA转录是比较高效的选择（Xing et al，2014）。不同启动子启动Cas9核酸内切酶的表达也对编辑效率有影响。2015年，Svitashev等构建了组成型启动子玉米泛素启动子（maize ubiquitin promoter，UBI启动子）、温度调控型玉米甘露醇脱氢酶基因启动子（maize mannitol dehydrogenase gene promotor，MDH启动子）2种不同启动子控制经过玉米密码子优化后的Cas9蛋白表达的CRISPR/Cas编辑系统，研究不同载体系统对玉米无叶舌基因*LIG1*（*Liguleless1*）的基因编辑效率，结果表明，组成型UBI启动子的基因编辑效率比诱导型MDH启动子的基因编辑效率更高（Svitashev et al，2015）。而Feng等利用玉米减数分裂特异基因*dmc1*的启动子启动Cas9蛋白，其转基因阳性愈伤中的突变效率高达100%，并且无脱靶效应，实现了CRISPR/Cas系统高效的基因组编辑（Feng et al，2018）。

（3）靶序列及sgRNA序列优化。研究表明同一目标基因内不同位点的基因编辑效率也是不同的。研究人员对人*EMX1*基因设计不同位点进行CRISPR/Cas9系统基因编辑脱靶效率的研究结果表明，PAM远端（5′端）序列的单碱基差异的脱靶率要高于PAM近端（3′端）的8 ~ 12个核心序列的单碱基差异；尤其是核心序列中若存在2 ~ 3个碱基的差异，脱靶效率大大降低，若存在5个碱基及以上的差异则几乎无脱靶现象产生（Hsu et al，2013）。研究还发现3′端靠近PAM位点第20位、16位、7位、1位均存在碱基偏好性（Doench et al，2014；Xu et al，2015）。Farboud等发现sgRNA的3′端若为2个G切割效率最高（Farboud & Meyer，2015）。刘小乐团队分析发现sgRNA的3′端的3个序列为CGG时切割效率较高，而靠近PAM的3′端的4位序列若是T，则切割效率会降低（Xu et al，2015）。

6.4.2.2 改善递送系统

CRISPR/Cas基因编辑系统需要一定的递送系统才能进入生物体内发挥编辑功能，如何高效地将编辑系统送入生物体内直接影响到基因编辑的效率。目前递送系统主要包括传统的递送系统如生物学介导的递送（最常用的为细菌/病毒介导的传递系统）、非生物介质递送、粒子轰击递送、电脉冲及电磁辐射递送等方法，以及近来使用的纳米技术递送系统（Wang et al，2019）。传统的细菌/病毒介导的传递系统是植物遗传转化最常用的工具，但由于宿主范围的限制，仅适用于部分植物物种或组织，同时还涉及将外源基因整合到宿主基因组中；粒子轰击递送方法可以通过基因枪或外力将生物分子递送到多种植物种或组织的细胞中，但是此种递送系统应用局限性强，且经常由于外力操作而导致组织损伤（Wang et al，2019）。

纳米材料目前已经广泛用于医学领域中，作为靶向给药、癌症治疗和遗传性疾病治疗的递送载体。在植物中，一些研究已经使用纳米材料将质粒DNA、dsRNA、siRNA、蛋白质和植物激素递送到原生质体或细胞中（Wang et al，2019）。目前很多研究已经开发了基于不同材料的纳米传输载体，主要包括MSN、CNT、LDH、DNA纳米结构和磁性纳米颗粒（Martin-Ortigosa et al，2014；Torney et al，2007；Kwak et al，2019；Demirer et al，2019；Zhang et al，2019；Mitter et al，2017；Zhao et al，

2017；Bao et al，2017）。在对纳米传输载体递送外源材料进入植物细胞内的研究方面取得了显著性进展，如功能化的CNT将质粒DNA或siRNA形式的外源性功能基因传递到细胞中，从而导致外源基因的强烈表达或高效的基因沉默，并且CNT还可以在一段时间内保护多核苷酸免于核酸酶降解（Demirer et al，2019a；2019b）；另外CNT在无外部轰击或化学助剂的情况下可以选择性地将质粒DNA递送到叶绿体中（Kwak et al，2019）。LDH纳米片可以促进dsRNA向模式植物烟草细胞中传送（Mitter et al，2017）。磁性纳米颗粒可在有存在磁场的情况下通过花粉孔将外源DNA递送进花粉中（Zhao et al，2017）。对于难以使用常规方法进行遗传转化的植物来说，纳米技术递送系统无疑是有效的。这些开创性研究在开发基于纳米材料的运输系统方面取得了重要进展，为植物生物技术的未来应用铺平了道路。

与以往的转基因递送方法相比，基于纳米材料的递送系统为植物基因编辑提供了多种有利条件。首先，它同其他物化方法一样克服了宿主范围的限制，能适用于广泛的植物物种和不同的组织，特别是那些难以进行组织培养获得再生植株的植物可以通过原位递送进行转导；其次，在根据纳米材料的特性进行选择和实现高效递送的同时，还可将不同的生物分子同时运送到目标位置进行递送。该方法应用到基因组编辑领域，可通过进一步研究避免外源载体片段进入植物细胞，增加公众对于基因编辑的接受度（Wang et al，2019）。图6-4展示了纳米材料介导的植物基因工程的过程。

6.4.2.3 改善DSB修复策略

Cas9核酸内切酶切割目标DNA序列可引起DNA双链断裂（Double strand break，DSB）。DSB可由两种内源性的修复机制修复，非同源末端连接（Non-homologous end joining，NHEJ）和同源重组介导的修复（Homology-directed repair，HDR），从而实现基因的定向敲除、敲入等编辑过程（Ding et al，2016）。因NHEJ修复易于出错，目前大部分基因编辑研究倾向于利用HDR修复DSB的策略。由于NHEJ修复途径也属于细胞内源性修复机制，会与HDR修复进行竞争，因此若能抑制NHEJ的效率从而提高HD的修复效率，则会提高基因编辑的效率。目前已有一些方法经研究证明对NHEJ修复过程有抑制作用，如使用Scr7这种DNA连接酶Ⅳ抑制剂抑制

NHEJ活性（Ma et al，2016），适当改造基因编辑中的供体质粒（He et al，2016），设计非同源依赖的靶向整合（Homology-in-dependent targeted integration，HITI）方法（Suzuki et al，2016）等，这些方法均可有效提升基因编辑的效率。

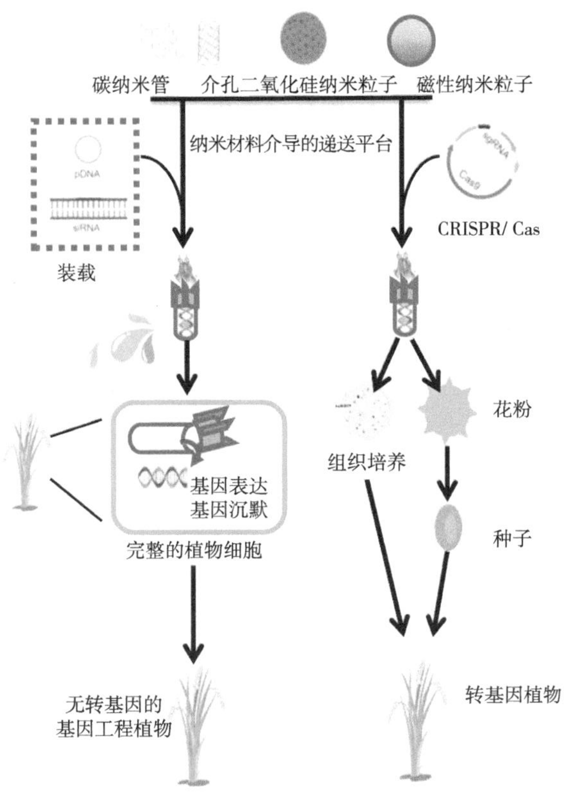

图6-4　纳米材料介导的植物基因工程（摘自Wang et al，2019，经过修改）

Figure 6-4　Nanomaterial-Mediated Plant Genetic Engineering（adopted from Wang et al，2019 with modifications）

6.5　提高基因编辑效率的其他几个方面

随着人们操控基因组技术的进步，有3项基因组技术在生物学领域的研究中起着举足轻重的作用：高通量基因组测序技术、CRISPR基因编辑技术和单细胞基因组学（单细胞测序）。

基因组学是阐明整个基因组的结构、结构与功能的关系以及基因之间相互作用的科学。从全基因组的整体水平而不是单个基因水平，研究生命这个具有自身组织和自装配特性的复杂系统，认识生命活动的规律，更接近生物的本质和全貌。高通量测序技术（High-throughput sequencing）又称下一代测序技术（Next-generation sequencing technology），以能一次并行对几十万到几百万条DNA分子进行序列测定和一般读长较短等为标志。

对编辑效果，包括打靶效率（Targeting efficiency）和脱靶效应的检测是评估基因组编辑实验成败的关键。随着高通量测序的普及，全基因组测序将越来越普遍（花更少的时间和金钱），因此整合高通量测序与相关计算分析，利用CRISPR/Cas介导的基因组编辑实现全基因组水平基因的功能筛选是基因编辑效果检测评估的趋势。

前人对提高基因编辑效率做了大量的研究，尚未从根本上解决基因编辑过程中精准有效切割的问题。要想解决这一问题需内因与外因相结合进行全面考量。从目前研究较多的CRISPR/Cas系统序列特征（GC含量、碱基频率特征、sgRNA与靶向DNA的错配特征、切割位点对碱基序列的偏好性等）延伸至物理学、化学、生物学各方面的多种影响因素。

单细胞测序以单个细胞为单位，通过全基因组或转录组扩增，进行高通量测序，能够揭示单个细胞的基因结构和基因表达状态，反映细胞间的异质性，在肿瘤学、发育生物学、微生物学、神经科学等领域发挥重要作用。单细胞测序技术特别是单个细胞分离并逐个测序技术正成为生命科学研究的焦点（朱忠旭和陈新，2015），单细胞测序技术发展下去一个很可能的结果，就是做到基因可控性。可控基因技术在单细胞测序基础上进行数据总结，对基因行为的结果达到可预测水平，从基因层面全面获知细胞乃至植物个体的生理变化，这一信息的反馈，成为基因编辑结果的实时评价工具，将对提高基因编辑效率发生根本性的智能指导作用。

对于植物基因编辑而言，提高CRISPR/Cas系统进入细胞的效率，影响转导递送的生物物理学层面上的障碍主要是细胞壁、细胞膜和核膜的通透性，也会涉及染色体形态结构以及核小体的结构等问题（Ou et al, 2017）。植物胚性细胞一般细胞壁比较薄，细胞壁结构相对松散，转导不仅因其发育潜能高而提高效率，而且因为细胞壁的松散而容易侵染递送和理化方式的递送，从而提高最终的基因编辑效率。核膜对DNA、RNA和蛋白质都有屏障作用（Evans et al，2011；Foisner，2003）。充分利用细胞周期中M期核膜解聚的窗口期（分裂前期至分裂后期，prophase-telophase/M）进行递送是对核膜造成的障碍进行针对性改善的有效措施。这种方法可以与同步化的诱导相结合，使更多的细胞在转导中处于M期状态。一些胁迫因子也可以短时间改变细胞壁、细胞膜的通透性，有助于细胞周期和递送的调节（Xu et al，2014；2016）。借助纳米技术进行CRISPR/Cas系统递送方法的开发也是比较理想的一种方式，有待进一步开发研究。目前在核小体不易展开的物理死角处如何进行基因编辑尚无确切研究数据（Chen et al，2017）。

提高CRISPR/Cas系统的效率，在生化层面上，主要以CRISPR/Cas系统作用的原理以及晶体结构为基础，研究晶体结构的热力学特征，通过对关键碱基进行改变以及利用特定的化学修饰方法，改变蛋白的构象，提高引导RNA以及Cas蛋白的活性及稳定性，进而增强引导RNA的引导特异性以及Cas蛋白对目标序列的切割效率。在生物学层面上，以细胞生长状态和发育潜能为基础，建立高效同步的繁殖体系（XuHan et al，1999），对基因编辑效率的提高具有明确的效益。在染色质状态特征等基础上，研究DNA甲基化、组蛋白乙酰化、核小体占位以及编辑位点是否处于超敏感位点等对编辑效率的影响（Wu et al，2014；李干等，2016；Kim et al，2018），使得CRISPR/Cas系统进行基因编辑时所处的细胞多数为可以行使功能的活细胞，同时Cas蛋白进行切割时处于染色质疏松状态，DNA与组蛋白解聚，以及细胞分裂周期S期到G2期（Heyer et al，2010）。

本研究在对CRISPR/Cas系统的技术原理、晶体结构等进行分析的基础上，着重分析CRISPR/Cas系统序列特征，并讨论了物理学、化学、生物学等多种因素的影响，认为基因编辑效率的提高可以通过内外因结合的方式，在基因编辑系统本身改造、基因编辑系统递送时期和递送方式选择以及影响酶活和蛋白稳定性等方面进行优化。

7　甜高粱理想株型遗传改良展望

抗逆性是生物燃料生产成功的先决条件，通常使用边际土地和以非食品生物燃料为原料。高粱以其耐逆境条件著称，但极端的逆境阻碍其生长和发育，影响其产量和糖分积累。因此目前展开对高粱抗逆性的研究显得至关重要，使其可以生长在边际土壤和贫瘠土壤上，以满足不断增长的人口、变化的饮食和生物燃料生产的需要。在此背景下，除了高粱非生物胁迫和生物胁迫抗性相关的QTLs以及响应机制外，本章还讨论了甜高粱生物燃料综合特征及其遗传决定因素，有望应用于甜高粱新品种的培育中。

7.1　引言

非生物胁迫和生物胁迫限制了植物生长、作物产量和生物燃料生产。由于气候改变和气候多样性导致的降雨模式的改变成为雨养作物和灌溉用水的一个关键问题和限制因素。在水资源有限的干旱和半干旱地区，灌溉能源作物的种植可能加剧与粮食作物的用水竞争问题。因此，耐旱能源作物应成为适应环境可持续发展的首选作物。

高粱源于非洲，是一个为人类和其他动物提供食物、饲料、纤维和燃料的主要作物。甜高粱是一个非常有前途的生物能源作物，因此栽培生物能源作物甜高粱来应对气候变化的挑战，保持良好的生产水平是很有必要的（Berndes et al，2003；Sims et al，2006；Orlandini et al，2007；Dalla

Marta et al，2014）。

甜高粱以减少穗部产量为代价，在茎中积累可溶性糖，这些糖可以通过机械提取并直接发酵得到第一代生物乙醇。非生物胁迫是甜高粱产糖的严重环境障碍，严重威胁着生物质产量和生物燃料产量（Zegada-Lizarazu & Monti，2013）。例如，干旱胁迫显著影响甜高粱的结构性碳水化合物（纤维素、半纤维素和木质素）和生物量的产量（Zegada-Lizarazu & Monti，2013）。此外，在2010—2011年东非拉尼娜现象（指赤道附近太平洋中部和东部水温每隔几年异常降低并影响世界很多地区的气候）出现期间，干旱导致这个半干旱地区的主食——高粱的产量急剧下降。索马里2011年的高粱总产量为2.5万t，比正常水平低80%以上，是过去10年来的最低水平（Anyamba et al，2014）。然而，甜高粱被认为是抗干旱胁迫的，适合干旱和半干旱的边缘地区种植（Staggenborg et al，2008），主要是由于甜高粱具有抗干旱胁迫的形态生理特征（Zegada-Lizarazu & Monti，2013）以及允许有效的CO_2固定和显著干物质积累的C_4光合系统（Mastrorilli et al，1999）。

甜高粱含糖量高，因此甜度高，在其整个生命周期中吸引了大约150种害虫，很大程度上影响了生物质产量（Guo et al，2011）。严重损害高粱作物的常见害虫包括盲蝽科和长蝽科（Kruger et al，2008）、高粱蠓科昆虫、麦二叉蚜、秋黏虫、玉米螟（Munson et al，1993；Wu & Huang，2008；Damte et al，2009）、蝗虫、玉米根虫和高粱蚜虫。高粱还可受到许多病害的影响，包括炭疽病、霜霉病和镰刀菌。

气候变化与高温、干旱和水灾的频率增加也有很大关系（Kim et al，2014），高粱在这些恶劣环境条件下的适应性和产量都会受到影响。抵抗非生物和生物胁迫对于决定未来粮食和生物燃料生产可持续性发展至关重要（http://dialogues.cgiar.org/blog/millets-sorghum-climate-smart-grains-warmer-world/）。

本研究综述了甜高粱非生物和生物胁迫抗性、在未来用于生物燃料生产的甜高粱新种质培育的关键性状以及在遗传水平上对这些性状进行调控。另外，还强调了高效的耕作管理系统在农业生产中所起的关键作用，特别是使用除草剂来控制杂草，以确保甜高粱生产的可持续性。

7.2 高粱非生物胁迫和生物胁迫抗性相关的QTLs

传统育种和QTL分析已被应用于鉴定作物对生物和非生物胁迫耐受的基因（Collins et al，2008；Takeda & Matsuoka 2008）。目前，与甜高粱非生物胁迫和生物胁迫抗性相关的351个QTLs已经被鉴定（表7-1）。一旦候选基因被精细定位，通过分子标记辅助育种和基因工程育种方式，这些基因位点在培育优良高粱品种中具有较大潜力。在高粱已知的物理图谱和遗传图谱上，高粱染色体上分别定位了51个QTLs和182个QTLs。它们的染色体分布与它们所调控的生物和非生物胁迫抗性的关系见图7-1。外部矩形标记表示高粱染色体中已知遗传位置的QTLs，内圆形标记表示高粱染色体上已知物理图谱位置的QTLs。第二代测序和先进的代谢谱可能会影响QTL分析的领域，并有助于克隆更多与非生物和生物胁迫抗性有关的基因。大量F_2或重组自交系重新测序，同时结合统计连锁分析方法，将可能为在基因组或代谢组水平上快速且新型的标记辅助定位开辟新的道路（Zheng et al，2011）。

表7-1　生物燃料相关的持绿抗旱特性、抗非生物和生物胁迫特性及其遗传决定因素

Table 7-1　The biofuel-associated traits of stay-green drought resistance trait，resistance to abiotic and biotic stresses，and their genetic determinants

性状	性状分类	QTLs数量	QTL名称	参考文献
非生物胁迫耐受性	持绿/叶片衰老	1	*Stg1*	Subudhi et al（2000），Xu et al（2000），Kebede et al（2001），Sanchez et al（2002），Harris et al（2007），Sabadin et al（2012）
		1	*Stg2*	
		1	*Stg3*	
		1	*Stg4*	

（续表）

性状	性状分类	QTLs数量	QTL名称	参考文献
		1	*St2-1*	Sabadin et al（2012）
		1	*St2-2*	
		1	*St3*	
		1	*St4*	
		1	*St6*	
		1	*St8*	
		1	*St9*	
		1	*St10*	
		1	*Stg C.2*	Kebede et al（2001）
		1	*Stg C.1*	
		1	*Stg B*	
		1	*Stg E*	
		1	*Stg D*	
		1	*Stg A*	
		3	*Ldg G*，*Ldg F*，*Ldg J*，	
		4	*Prf C*，*Prf F*，*Prf E*，*Prf G*	
		1	*Stg F*	
		9	*% GL15*	Haussmann et al（2002）
		14	*% GL30*	
		13	*% GL45*	

（续表）

性状	性状分类	QTLs数量	QTL名称	参考文献
		6	*t-E8/102*，*th19/50*，*tD9/103*，*t329/132*，*bB20/205*，*umc84*	Tuinstra et al（1997）
		1	*SGA*	Crasta et al（1999）
		1	*SGD*	
		1	*SGG*	
		1	*SGB*	
		1	*SG1.1*	
		1	*SG1.2*	
		1	*SGJ*	
		1	*MB6-84-TS136*	Tao et al（2000）
		1	*TXS654-TXS943*	
		1	*ST1668-TXS558*	
		1	*CDO460-SSCIR165*	
		2	*QLsn.txs-B*，*QLsn.txs-Ea/Eb*	Feltus et al（2006）
	旗叶期SPAD	3	*QSpadb-dsr09-1*，*QSpadb-dsr06-1*，*QSpadb-dsr03*	Reddy et al（2014）
	成熟期SPAD值	1	*QSpadm-dsr09-1*	
	旗叶期绿叶	4	*QGlb-dsr01-1a*，*QGlb-dsr04-1*，*QGlb-dsr02-1*，*QGlb-dsr04-3*	
	成熟期绿叶	2	*QGlm-dsr04-1*，*QGlm-dsr09-2*	
	成熟期保留绿叶百分比	2	*QPglm-dsr04-2*，*QPglm-dsr09-2*	
	旗叶期绿叶面积	2	*QGlab-dsr10-1*，*QGlab-dsr02-1*	
	成熟期绿叶面积	1	*QGlab-dsr02-2*	
	叶片衰老百分比	1	*QRls-dsr10-1*	

（续表）

性状	性状分类	QTLs数量	QTL名称	参考文献
	冷发芽/田间应急与苗期活力	16	*Germ30-1.1*，*Germ30-1.2*，*Germ30-2.1*，*Germ12-2.1*，*Germ12-9.2*，*Fearlygerm-1.2*，*Fearlygerm-7.1*，*Fearlygerm-9.2*，*Fearlygerm-9.3*，*Fearlygerm-1.1*，*Fearlygerm-4.1*，*Fearlygerm-9.1*，*Fearlygerm-9.3*，*Xtxp43*，*Xtxp51*，*Xtxp211*	Burow et al（2011a，2011b）
	铝耐受性	1	*Alt*	Magalhaes et al（2007）
	盐胁迫	39	*qGV2-1*，*qGV2-2*，*qGV3*，*qGV1-1*，*qGV1-2*，*qGV4*，*qGP1*，*qGP2*，*qGP7-1*，*qGP7-2*，*qSH8*，*qSH1*，*qSH2*，*qSH4*，*qSH10*，*qRL1*，*qRL8*，*qRL3*，*qRL10-1*，*qRL10-2*，*qSFW8*，*qSFW9-1*，*qSFW4*，*qSFW9-2*，*qRFW6-1*，*qRFW2*，*qRFW6-2*，*qTFW6*，*qTFW9-1*，*qTFW1*，*qTFW4*，*qTFW9-2*，*qSDW4*，*qSDW9*，*qSDW6*，*qRDW3*，*qRDW6*，*qTDW6*，*qTDW8*	Wang et al（2014a，2014b）
	根茎数/地下根茎数/根茎衍生芽数/越冬	7	*pSB300a-pSBO88*，*pSB195-SH068*，*pSBJ02-pSB158*，*Overwintering2011A*，*Overwintering2011B*，*Ln2010RDS*，*Ln2010Dist*	Paterson et al（1995），Washburn et al（2013）
小计		160		
生物胁迫耐受性	蚊病卵数	2	*ST698-RZ543*，*ST1017-SG14*	Tao et al（2003）
	蚊病蛹感染	3	*ST698-RZ543*，*ST1017-SG14*，*TXS1931-SG37*	

（续表）

性状	性状分类	QTLs数量	QTL名称	参考文献
	目标叶斑病	1	*tls*	Mohan et al（2009）
	带状叶斑病	1	*Zls*	
		1	*Dls*	
	锈病抗性	8	*BNL5.09*，*TXS1625*，*RZ323*，*ISU102*，*ISU102*，*TXS2042*，*PSB47*，*TXS422*	Tao et al（2003）
	炭疽病抗性	14	7个未命名QTLs，*Cg1*，*Locus 1-8*，*QAnt1*，*QAnt4*，*SC326-6*，*SCA 12*，*OPJ 0 11437*	Boora et al（1998），Klein et al（2001），Singh et al（2006），Singh et al（2006），Perumal et al（2009），Mohan et al（2010），Upadhyaya et al（2013）
	麦角感染率	9	未命名	Parh et al（2008）
	花粉量	5	未命名	
	花粉活力	4	未命名	
	麦二叉蚜对生物型I和K、C的抗性	34	*B18-885*，*OPC01-880*，*Sb5-214*，*Sb1-10*，*SbAGB03*，*Sb6-84*，*SbAGA01*，*OPA08-1150*，*OPB12-795*，*Ssg1*，*Ssg2*，*Ssg3*，*Ssg4*，*Ssg5*，*Ssg6*，*Ssg7*，*Ssg8*，*Ssg9*，（8个未命名QTLs），*QSsgr-09-01*，*QSsgr-09-02*，*Qstsgrsbi09ii*，*Qstsgrsbi09iii*，*Qstsgr-sbi09i*，*Qstsgr-sbi09iv*，*Xtxp16-Starssbem162*，*Starssbem162-Starssbem265*	Agrama et al（2002），Katsar et al（2002），Nagaraj et al（2005），Wu & Huang（2008），Punnuri et al（2013）

（续表）

性状	性状分类	QTLs数量	QTL名称	参考文献
	头虫抗性/伤害	10	*SbRPG943-RZ630*，*RZ476-SbRPG872*，*SbRPG667-CDO580*，*BNL5.37-SbRPG749*，*BNL5.37-SbRPG749*，*BNL5.37-SbRPG749*，*CDO20-C223*，*RZ630-SbRPG826*，*RZ244bSbRPG852*，*mAGB03-UMC139*	Deu et al（2005）
	叶焦斑	1	*QLsc.txs-B*	Feltus et al（2006）
	茎腐病抗性	8	*xtxp297*，*xtxp213*，*AC13*，*xtxp343*，*xtxp176*，3个未命名的抗茎腐病QTLs	Reddy et al（2008），Felderhoff et al（2012）
	高粱芒蝇叶光泽度	8	*QGs.dsr-3*，*QGs.dsr-5*，*QGs.dsr-6*，*QGs.dsr-10*，*QGs.dsr-1*，*QGs.dsr-4.1*，*QGs.dsr-2*，*QGs.dsr-4.2*	Satish et al（2009），Aruna et al（2011）
	高粱芒蝇卵活力	8	*QSv.dsr-3*，*QSv.dsr-6.1*，*QSv.dsr-6.2*，*QSv.dsr-10*，*QSv.dsr-1.1*，*QSv.dsr-1.2*，*QSv.dsr-2*，*QSv.dsr-9*	Satish et al（2009），Aruna et al（2011）
	高粱芒蝇产卵	7	*QEg21.dsr-1*，*QEg21.dsr-7*，*QEg21.dsr-9*，*QEg21.dsr-10*，*QEg28.dsr-5*，*QEg28.dsr-7*，*QEg28.dsr-10*	Satish et al（2009）
	高粱芒蝇死心	13	*QDh.dsr-5*，*QDh.dsr-10.3*，*QDh.dsr-10.4*，*QDh.dsr-1.1*，*QDh.dsr-1.2*，*QDh.dsr-2*，*QDh.dsr-6.1*，*QDh.dsr-6.2*，*QDh.dsr-7.1*，*QDh.dsr-7.2*，*QDh.dsr-9*，*QDh.dsr-10.1*，*QDh.dsr-10.2*	Satish et al（2009），Aruna et al（2011）

（续表）

性状	性状分类	QTLs数量	QTL名称	参考文献
	高粱芒蝇近轴毛密度	4	*QTdu.dsr-10.1*，*QTdu.dsr-10.2*，*QTdu.dsr-7*，*QTdu.dsr-10*	Satish et al（2009），Aruna et al（2011）
	高粱芒蝇远轴毛密度	7	*QTdl.dsr-1.1*，*QTdl.dsr-1.2*，*QTdl.dsr-4*，*QTdl.dsr-6*，*QTdl.dsr-10.1*，*QTdl.dsr-10.2*，*QTdl.dsr-3*	Satish et al（2009），Aruna et al（2011）
	抗根腐病特性	1	*PC*	Nagy et al（2007）
	抗稻瘟病	39	38个未命名QTLs，*lgs*	Haussmann et al（2004），Satish et al（2012）
	抗霜霉病	3	*bin 2.04/05*，*bin 3.04/05*，*bin 6.05*	Nair et al（2005）
小计		191		
QTLs总数		351		

7.3 高粱的持绿耐旱特性

高粱是一种耐旱作物，主要是由于它形态学上表现出来的改变，这些形态学上的改变，例如密集和深层的根系、通过卷叶和关闭气孔减少蒸腾，以及在极端胁迫条件下降低代谢过程至接近休眠状态（Schittenhelm & Schroetter，2014）。事实上，高粱可以在长时间的干旱期存活下来，然后在土壤水分充足时“复活”并恢复生长。当然，这也取决于高粱受干旱的严重性，极端干旱条件下，高粱仍能遭受高达90%的产量和生物量损失（House，1985）。干旱胁迫在籽粒灌浆期影响较大，导致叶片过早死亡、植株衰老、茎秆倒伏、种子和秸秆产量较低。开花后耐旱品种称为持绿品种。

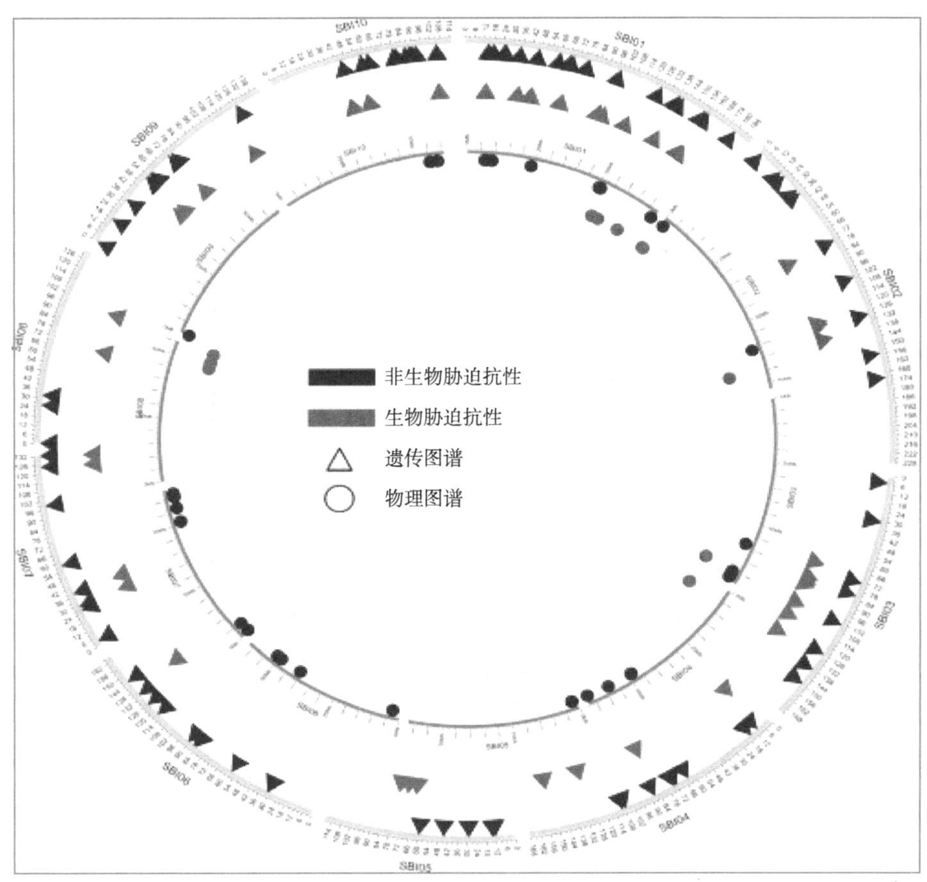

图7-1　在高粱染色体上生物燃料相关的生物胁迫及非生物胁迫抗性性状QTL分布图谱集

Figure 7-1　QTLs atlas map for biofuel-associated abiotic and biotic resistance traits in sorghum

持绿是一种综合的可遗传的干旱适应性状，在干旱条件下，其特征是在结实期或结实期具有明显的绿叶表型（Borrell et al，2014a）。遗传研究表明，温度和干旱响应的QTLs与叶片衰老的基因座一致，并且在许多通过同时选择持绿来提高抗逆性的例子中也显示了这一点（Ougham et al，2008；Vijayalakshmi et al，2010；Jordan et al，2012；Emebiri，2013）。持绿性状的特征要么是表面上的，即损伤干扰了叶绿素分解代谢的早期阶段，要么是功能上的，即冠层发育的碳捕获期到氮素动员（衰老）阶段的转换延迟，或衰老综合征进展缓慢。激素代谢和信号传导的改变，特别是影响细胞分裂素和乙烯的调控网络，可能有助于保持绿色表型。

细胞分裂素的产生通过改善干旱条件下的叶片持绿指数以及提高籽粒灌浆和粒数来促进生长和增加产量（Wilkinson et al，2012）。这表明异戊烯基转移酶（*IPT*）调控基因的表达可以实现持绿表型，该蛋白是催化细胞分裂素生物合成的限速步骤。的确，过表达异戊基转移酶（*IPT*）基因的转基因烟草植株产生更多的反玉米素，没有衰老，含水量86%，保持光合活性，并在复水后恢复活性（Rivero et al，2010）。此外，WRKY和NAC基因家族成员，以及不断增加的与衰老相关的转录因子都是通过持绿表型突变来鉴定的（Thomas & Ougham，2014）。

持绿基因型叶片中叶绿素的保留与增强在干旱条件下维持正常谷物生长和长时间光合作用的能力，降低倒伏，提高茎碳水化合物含量和粒重以及抗茎腐病有关（McBee et al，1983；Borrell et al，2000b；Burgess et al，2002；Jordan et al，2012）。与衰老对照相比，在开花期和成熟期之间含持绿基因的杂交种产生的生物量增加了近47%（Borrell et al，2000a）。此外，持绿品种Sorcoll-141/07具有较高的株高和绿叶数，有助于其高生物量（Yemata et al，2014）。持绿品种的叶片具有更高的营养价值（Jordan et al，2012）。与持绿性状相关的高叶片含氮量和较长的光合作用（Borrell et al，2000b）也与高粱较高的产糖量相关（Serrão et al，2012），表明叶片含氮量和提高光合作用能力是增加甜高粱产糖量的预测指标。因此，培育持绿性状特别是茎秆高碳水化合物含量和叶片含氮量的新品种，无疑将提高甜高粱生物燃料产量。

在大多数遗传研究和相关育种计划中，持绿性状来源主要是BTx642、B35、SC56、E36-1和KS19品系（Haussmann et al，2002；Mahalakshmi & Bidinger，2002；Hash et al，2003），并且已经报道称这些具有持绿性状的品系通过渗透调节对干旱胁迫有更强的适应性（Zhou et al，2013）。的确，持绿品系的叶片相对含水量远高于非持绿品系，表明持绿品系在严重干旱条件下仍可维持秸秆运输系统的正常运转（Xu et al，2000）。在与BTx642、SC56、E36-1和KS19杂交得到的不同作图群体中，4个基因座*Stg1*、*Stg2*、*Stg3*和*Stg4*（表7-1），控制着高粱持绿性状已经不断地被证实，尽管每项研究都报告了每个QTL对表型变异的贡献不同（Crasta et al，1999；Subudhi et al，2000；Tao et al，2000；Xu et al，2000；Kebede et al，

2001；Sanchez et al，2002；Feltus et al，2006；Harris et al，2007；Sabadin et al，2012）。这表明，虽然高粱叶片延缓衰老的能力是有遗传基础的，但这一性状的表达在很大程度上也受到环境条件的影响（van Oosterom et al，1996）。控制叶绿素含量的QTL与持绿的*Stg1*、*Stg2*、*Stg3*和*Stg4*位点共定位（Subudhi et al，2000；Xu et al，2000）。因此，叶绿素含量或叶绿素损失是衡量干旱条件下高粱籽粒灌浆期间持绿性状的一个标志。

这4个QTL在不同环境、不同作图群体中的一致性以及它们的联合表型变异对高粱持绿抗旱性状的贡献率为54%，表明它们是高粱持绿抗旱性状的主效QTL（Tanksley，1993；Xu et al，2000；Sanchez et al，2002）。基于M35-1（衰老程度较高）和B35（衰老程度较低）杂交产生的245个F_9重组自交系（RIL），利用遗传连锁图谱鉴定了15个新的保持绿色性状的QTL（表7-1）（Reddy et al，2014）。这些QTLs解释了3.8%～18.7%的表型变异。其他几个持绿的基因座也有报道（表7-1），但是在不同的环境中通常是不稳定的（Crasta et al，1999），有返祖趋势。例如，高粱品种E36-1能在大田里干旱状态下表现出持绿表现型（van Oosterom et al，1996），但在良好的水分状况下却不能表现出良好的持绿表现型（Tuinstra et al，1997；Kebede et al，2001；Thomas & Ougham，2014）。Thomas等分别从SC56×Tx7000和Tx7078×B35组合的无性系中鉴定出6个控制高粱耐旱性的遗传位点，这些位点在不同环境下的表型变异贡献率在15%～40%，表明这些位点存在较强的基因型×环境（G×E）互作（Tuinstra et al，1997；Kebede et al，2001；Thomas & Ougham，2014）。

在水分有限的条件下，通过改变冠层发育和水分吸收模式，持绿等位基因被认为可以单独提高高粱的籽粒产量和生物量产量（Borrell et al，2014b），说明可以通过改变根系构型来实现持绿表型和生物量的提高（Mace et al，2012），通过增加下部叶片大小减少分蘖的冠层发育（Borrell et al，2000a），或者两者同步进行。到目前为止，育种者已经通过标记辅助回交育种将持绿性状转移到优良品种中（Hash et al，2003）。此外，与胁迫性状相关的不同QTLs只能解释很小比例的表型变异，而且由于上位作用，有利等位基因不能转移（Peleg et al，2009）。因此，找出与特定遗传背景无关的主效QTL，克隆QTL中的基因，可以促进生物技术育种。

为描述个体基因功能，应用反向遗传学方法，如RNA干扰（RNAi）和CRISPR/Cas系统，可以显著地辅助基因的功能分析（Jiang et al，2013）。同时，重点应放在正向遗传学研究上，在这些研究中，鉴定出的基因可以在已经选择的基因型中表达，以适应胁迫环境条件。高粱基因组可能有助于用于定位候选基因中。通过增加目标染色体区域内的标记密度以及增加可获得与QTL相关表型信息的分离群体的数量来定位与持绿性状相关的候选基因。

在很多植物中积累脯氨酸到较高的水平是对环境胁迫的响应，在胁迫条件下脯氨酸的作用已被广泛研究（Verbruggen & Hermans，2008）。目前发现拟南芥脯氨酸脱氢酶（*AtProDH2*）在衰老叶片和根系中有很强的表达（Funck et al，2010），这表明脯氨酸在植物发育过程中可能有新的作用。甘蓝型油菜（*Brassica napus*）中也有相似的发现，甘蓝型油菜脯氨酸脱氢酶（*BnaProDH2*）基因是在根系和衰老叶中维管束系统中特异性的表达（Faës et al，2014）。因此，表明当叶绿素功能失调（自我吞噬的早期过程）的细胞降解机制的还原能力有关（Avila-Ospina et al，2014）。脯氨酸的分解代谢也有助于衰老叶片中代谢物的循环，并提供谷氨酸和谷氨酰胺，谷氨酰胺是韧皮部从衰老叶片运输到库器官的主要转运形式（Tilsner et al，2005）。相似的研究也可在高粱上进行，以便将脯氨酸在非生物胁迫条件下的作用以及在叶片衰老和生物量生产的发育过程中的作用联系起来。

7.4 高粱对非生物胁迫响应的分子机制

7.4.1 miRNA表达

miRNA是最近发现的一类基因表达调节因子，它也与很多植物胁迫响应（Sunkar et al，2007；Rajwanshi et al，2014；Zhai et al，2014）以及碳、葡萄糖、淀粉、脂肪酸、木质素和木质部的生物合成途径以及木质部的形成途径相关，这将对设计下一代甜高粱的生物质和生物燃料育种提供理论指导和基因资源。四叶期高粱品种IS1945，在干旱胁迫下，参与转录调控（*bZIPs*、*MYBs*、*HOXs*）、信号转导（磷酸酯酶、激酶、磷酸酶）、碳代谢（*NADP-ME*）、解毒作用（*CYPS*、*GST*、*AKRs*）、渗透保护机制（*P5CS*）和蛋白膜稳定性（*DHN1*、*LEA*、HSPs）的miRNAs差异表达上调（Pasini et al，2014），这表明这些与干旱有关的基因可用于筛选包括甜高粱在内的其他高粱基因型的潜在耐旱性。事实上，水稻miRNA 169，在干旱胁迫期间表达上调（Zhao et al，2007），高粱有5个它的同源基因（*sbi-MIR169c*、*sbi-MIR169d*、*sbiMIR169.p2*、*sbi-MIR169.p6*和*sbi-MIR169.p7*），表明miRNA可能参与了许多与抗旱相关的不同过程。*GmNFYA3*基因是miRNA169的靶基因，是植物抗旱性的正调控基因，在提高作物抗旱性的分子育种中具有潜在的应用前景（Ni et al，2013）。

在模拟干旱胁迫下，利用深度测序的方法获得谷子全基因组转录组，发现一个长的非编码RNAs（LncRNAs）与高粱中的对应序列具有序列保守性和共线性，表明高粱中的lncRNAs有可能对干旱调控的基因表达产生影响（Qi et al，2013）。对miRNA靶标的顺式元件（包括转录因子、伴侣蛋白基因、代谢酶等植物正常发育所必需的基因）的分析，为miRNA可能参与高粱非生物胁迫抗性过程提供了分子证据，表明miRNA在未来的高粱水分胁迫抗性研究中发挥重要作用（Ram & Sharma，2013）。因此，miRNA169有望成为通过基因工程技术培育抗旱甜高粱基因型的优良靶标。

7.4.2 生长素相关基因

高粱生长素相关基因家族也与非生物胁迫反应有关。在自然条件下表达水平低的Gretchen Hagen3（GH3）*SbGH3*和LBD（*SbLBD*）基因在盐和干旱胁迫诱导下高度表达，其产物与非生物胁迫有关。3个基因*SbIAA1*、*SbGH3-13*和*SbLBD32*在吲哚-3-乙酸、油菜素类化合物、盐和干旱4种处理下均被高度诱导表达。这一分析为生长素在胁迫反应中的作用提供了新的证据，暗示生长素、油菜素甾体和非生物胁迫之间存在相互作用（Wang et al，2010）。

与地上部组织相比，水分胁迫引起高粱根组织中MADS-box、生长素反应因子、血红素激活蛋白2、多蛋白桥联因子和同源盒家族转录因子基因的上调（Aglawe et al，2012）。在ABA、盐和干旱处理下，高粱生长素转运蛋白*SbPIN4*、*SbPIN5*、*SbPIN8*、*SbPIN9*和*SbPIN11*显著增加，而*SbPIN1*、*SbPIN3*、*SbPIN6*、*SbPIN7*和*SbPIN10*几乎被3个处理所抑制（Shen et al，2010）。ABA处理后，*SbLAX1*、*SbLAX2*、*SbLAX4*、*SbLAX5*和*SbLAX3*相比，在叶片中的表达量低于在根中的表达量，然而，*SbLAX*基因对盐胁迫和干旱胁迫的响应则是无规则的，*SbLAX4*基因的表达在胁迫下显著下调。当用ABA处理后，与 *SbLAX3*相比*SbLAX1*、*SbLAX2*、*SbLAX4*和*SbLAX5*在叶中的表达水平比在根中的表达水平低。 然而，对盐和旱胁迫响应的*SbLAX*基因是无规则的，在胁迫条件下*SbLAX4*基因表达明显地下调。有趣的是，在盐处理条件下，*SbPGP*基因族在根系中的转录几乎被抑制。ABA处理下*SbPGP1*、*SbPGP2*、*SbPGP5*、*SbPGP13*、*SbPGP14*和*SbPGP15*在根中诱导，而在盐或干旱胁迫下*SbPGP2*、*SbPGP3*、*SbPGP4*、*SbPGP7*、*SbPGP12*和*SbPGP23*在叶片中诱导。在盐和干旱处理下，*SbPGP13*、*SbPGP15*、*SbPGP17*、*SbPGP18*、*SbPGP20*、*SbPGP21*和*SbPGP24*在叶片和根中的表达均下调。结合高粱基因组序列开发RNA-Seq技术（Paterson et al，2009）和Sorghum Cyc代谢途径数据库（Dugas et al，2011），鉴定高粱转录组并重新检测高粱基因在外源ABA和渗透胁迫下的差异表达（Buchanan et al，2005）。50个高粱特异表达的应答干旱胁迫的同源基因被鉴定，这些基因在玉米、水稻和拟南芥中都没有被注释功能，并且富含ABRES和CGTCA结构域，即参与对ABA应答的结构域。

7.4.3 转录因子

乙烯响应因子家族是APETALA2（AP2）/ERF 转录因子家族的成员，在植物非生物胁迫和生物胁迫的适应性中起重要作用（Lata et al，2014），从高粱中鉴定出105个高粱ERF（*SbERF*）基因，根据它们的序列相似性将其分为12类（A-1到A-6和B-1到B-6（Yan et al，2013）。谷胱甘肽还原酶（GRs）是植物用来应对非生物胁迫的抗氧化机制的重要组成部分。系统进化分析发现，高粱中有两个叶绿体GR，它们可能在非生物胁迫的调控中发挥作用。由于叶绿体GR也以线粒体为靶标，表明在叶绿体和线粒体中存在一种联合抗氧化机制（Wu et al，2013）。此外，水稻异源三聚体G蛋白复合体Gα亚基的系统发育分析表明与高粱高度同源。RGA1（I）启动子序列分析证实RMS中存在与胁迫相关的顺式调控元件，即RGA1（I）启动子序列。ABA、MeJAE、ARE、GT-1盒子和LTR暗示其在非生物胁迫信号转导中发挥积极的作用。此外，RGA1（I）的mRNA在盐、低温和干旱胁迫后表达上调，但在高温下其mRNA表达下调。这些结果为G蛋白复合体在水稻和高粱非生物逆境调节中的积极作用提供了重要证据，并表明异源三聚体G蛋白复合体的Gα亚基可用于高粱非生物抗逆性的研究。干旱响应元件结合蛋白（DREB）编码的基因调控大量下游基因的转录，这些下游基因参与植物对非生物胁迫的响应。脱落酸、乙烯、生长素和茉莉酸甲酯信号的整合可能通过*DREB*转录因子参与调控干旱响应基因的表达。由于干旱胁迫导致干旱敏感品种ICSV-272萌发种子中*SbEST8* mRNA快速积累，因此*SbEST8*基因被证明在非生物胁迫抗逆性中起一定作用（Dev Sharma et al，2006）。

7.4.4　相容性物质

引入可溶性物质合成途径已成为提高作物非生物抗逆性的潜在策略（Rathinasabapathi，2000）。甘氨酸甜菜碱的合成和积累能力在被子植物中广泛存在，被认为有助于提高抗盐性和抗旱性。高粱甜菜碱醛脱氢酶*BADH1*和*BADH15* mRNA均受水分胁迫诱导，它的表达与甜菜碱积累相一致。经过17d的水分胁迫，高粱植株的叶水势达到-2.3MPa。水分亏缺导致甘氨酸甜菜碱水平增加26倍，脯氨酸水平增加108倍（Wood et al，1996）。高粱甘氨酸富集的RNA结合蛋白（SbGR-RNP）受盐和脱落酸（ABA）诱导表达上调，并受蓝光和红光的调控，表明高粱非生物胁迫与光信号之间存在交互作用（Aneeta et al，2002）。

对在脯氨酸生物合成中起关键作用的逆境诱导调控基因*SbP5CS1*和*SbP5CS2*的表达分析表明，经干旱、盐（250mmol/L NaCl）和MeJA（10μmol/L）处理后，这两个基因的转录本均上调，表明这两个基因有可能用于提高甜高粱和其他生物能源作物的抗逆性（Su et al，2011）。

7.5 高粱的耐寒性

在温带地区，高粱早春播种时，土壤温度低于15℃限制其发芽和成苗。培育快速生长的高粱幼苗是温带气候的一个重要育种目标，因为春季低温会导致幼苗发育时间延长。另外，这将可以扩大高粱在温带地区的种植范围，并使栽培期提前（Singh，1985）。我国高粱地方品种在低温条件下出苗率高，幼苗活力强，但农艺性状较差。对高粱早春季节耐寒性与种子萌发、出苗和活力相关的遗传基础进行了研究，共鉴定出15个QTLs（表7-1）（Burow et al，2011a；Knoll & Ejeta，2008；Knoll et al，2008）。利用分子标记辅助选择，这些理想的基因组区域可以导入优良品系中，以改善高粱早春季节耐寒表现。母株胚成熟过程中储存的信使RNA的质量、蛋白稳定性和DNA完整性是影响萌发表型的主要因素。此外，含硫氨基酸代谢途径是种子开始萌发的关键生物化学决定因素（Rajjou et al，2012）。较高的呼吸速率与较高的发芽率呈正相关，呼吸速率较高的品种可能对早春季节寒冷有一定的抵抗力（Balota et al，2010）。因此，选择较高的呼吸速率可以提高高粱早春栽培的活力（发芽率、伸长率和生长率）。

根状茎形成与高粱越冬存活在遗传上是相关的（Washburn et al，2013）。对调控越冬性状遗传机理的研究可以创制多年生高粱新品系，这些多年生高粱能够在之前不能够越冬的气候越冬。这些越冬高粱类型可以通过延长生物质生产期和降低生产成本来提高高粱生物燃料产量。高粱根茎和越冬性状受7个QTLs控制（表7-1）（Paterson et al，1995；Washburn et al，2013）。这些QTLs是从BTx623与*S. propinquum*杂交的定位群体中鉴定出来的，与越冬后的再生与根状茎和分蘖有关。

7.6 高粱的耐盐性

全球范围内，由于不合理的耕作灌溉措施而引起土壤的次生盐渍化，使约占1/3 的农作物产量受到严重影响，且在半干旱土壤中尤为严重，盐害已成为世界范围内亟待解决的问题。因此，如何发展抗盐作物，利用盐碱土已成为一个世界性的问题。多年来，人们对植物耐盐的分子机理进行了广泛的研究，普遍认为盐害对植物的胁迫有两个时期（Munns et al，2008）。一是盐害早期的渗透胁迫（Osmotic stress），这阶段植株体内的盐离子含量不足以影响植株生长和直接造成毒害。渗透胁迫的影响主要是由土壤根际周围的较高盐浓度造成的，高渗透压环境影响根部水分吸收进而造成植物表皮气孔关闭、植物光合速率下降及活性氧的蓄积等早期盐害响应，如发现*DST*基因通过调控气孔闭合影响水稻的抗旱与抗盐性（Huang et al，2009）。二是盐害后期的离子毒害（Ion toxicity），植物主要有两类分子机制：排钠性和钠离子胁迫的组织耐受性。大多数植物具有的排钠功能是增加根中钠离子外排及减少体内钠离子长距离从根部向地上部的运输，通过卸载根中木质部中钠离子至木质部薄壁细胞中贮存起来，实现地上部排钠的功能。如水稻中 *SKC1/OsHKT1；5* 表达在根中木质部薄壁细胞膜上，转基因水稻耐盐性有较大地提高，通过卸载木质部中钠离子，显著降低了地上部钠离子含量（Ren et al，2005）。植物另一种排除离子毒害的方式发生在整株水平，即增加植物组织的耐受性，或者称为增加植物组织积累钠的能力。植物可以将钠离子储存在特定类型的细胞中，或将钠离子储存在液泡中来减少细胞质中钠离子含量，以维持正常的新陈代谢功能。如存在于拟南芥中 Na^+-H^+逆向转运蛋白基因，过表达在油菜及番茄中均可提高其耐盐性（Zhang et al，2001；Zhang & Blumwald，2001）。造成盐胁迫下离子毒害的本质是过量的钠离子竞争钾离子的结合位点，由于钾离子可促进或激活参与细胞内多种新陈代谢过程中的酶的活性，维持细胞100～200mM浓度水平的含量才可保证细胞内执行各种正常的新陈代谢功能。然而在盐害后期离子毒害阶段，胞内具有较高的钠离子含量及钠钾比，过多的钠离子直接竞争钾离子在各种酶的结合位点，致使参与正常新陈代谢过程的酶的活性降低，最终导致生长发育受阻表现出严重的地上部组织迫害症状（Cuin et al，2003）。因此，维持细胞及整株水平上的钠/钾离子平衡是解析植物耐盐机制的重中之重。目前关于盐胁迫条件下植物通过诸如限制钠离子从外界环境转运至细胞内、往细胞外排钠的过程及将胞质中钠离子压缩至液泡中贮存等多种生理过程避免细胞质中钠离子积累的报道较多，但是如何在高盐胁迫下维持细胞内适宜钾离子浓度范围的研究报道较少。盐胁迫下，胞外钠离子在质膜内外Na^+

浓度差的驱使下大量涌入胞质，钠离子和钾离子的跨膜运输存在相互竞争，目前发现参与Na^+和K^+向胞内运输的蛋白包括：K^+通道蛋白、Na^+-K^+共转运蛋白、Na^+转运蛋白和非选择性阳离子通道蛋白等（Demidchik & Maathuis，2007；Zhang et al，2010；Kronzucker & Britto，2011）。高亲和性钾离子转运载体蛋白家族（High affinity potassium transporter，HKT），是一类存在于真核及原核生物的K^+转运载体蛋白的超级家族，是位于膜上的离子转运载体，由4个保守的MPM基序的跨膜结构组成，每个基序是由2个跨膜区域和1个保守的孔状P-Loop区域组成。根据第一个P-Loop区域保守位点氨基酸的不同，HKT基因家族可分为两个亚家族，Subfamily1在第一个跨膜MPM基序的P-Loop中保守位点为丝氨酸，为Na^+特异性转运载体；Subfamily2的第一个跨膜MPM基序的P-Loop中保守位点为甘氨酸，具有 Na^+-K^+协同转运特性。目前有关两个亚家族中成员究竟转运 Na^+还是 K^+的结果不一致（Rodriguez-Navarro，2000；Ali et al，2012；Oomen et al，2012）。目前在小麦、水稻、拟南芥等作物和模式植物中已有报道，其在协调植株体内K^+/Na^+比、根部Na^+的吸收、体内Na^+长距离运输以及叶片中Na^+的外排等植物耐盐方面有重要的调控作用。分离克隆出的第一个*HKT*基因家族成员是*TaHKT2*；*1*小麦中的*TaHKT2*；*1*具有双重作用，在外界低钠条件下*TaHKT2*；*1*为Na^+-K^+协同转运体，当处于高的Na^+条件下*TaHKT2*；*1*为Na^+单向转运体（Rubio et al，1995；Gassmann et al，1996），将其RNAi后植物细胞内的 Na^+含量降低，并能增加转基因植物的耐盐性，证明*TaHKT2*；*1*在小麦根部的Na^+吸收通路中有重要功能（Laurie et al，2002）。普通小麦（*T. aestivum*）中定位的耐盐基因*Kna1*可选择性转运 K^+和Na^+到地上部，使其叶片中含有高的 K^+/Na^+比值利于生长（Dubcovsky et al，1996；Luo et al，1996；Gao et al，2001）。与盐胁迫相关的*Nax1*与*Nax2*在硬质小麦中QTL定位出，*Nax1*被证明从地上部维管束组织中卸载Na^+，并贮藏在叶鞘中，降低叶片中钠离子含量；*Nax2*被证明具有降低Na^+向地上部分运输的作用，并可通过将Na^+通过韧皮部从叶片中回流至地下部，另外*Nax1*与*Nax2*还可以介导调节K^+转载如木质部，使植物体内保持高的K^+/ Na^+比值（James et al，2006；James et al，2011；Munns et al，2012）。*Kna1*与 *Nax2*定位在硬质小麦 Line149 品系中的染色体相近部位，被证明具有较高的同源性（Byrt et al，2007）。对Na^+

转运体基因家族包括*HKTs*（Maser et al，2002；Rus et al，2004）、*NHXs*（Ohta et al，2002）和*SOS1*（Shi. et al，2002）序列分析，并对小麦中定位的*Kna1*、*Nax1*及 *Nax2*进行比对，发现此3个耐盐的主效 QTL均为小麦中的*HKT*基因家族的Subfamily1成员，*Nax1*命名为*TmHKT1*；*4-A1*、*TmHKT1*；*4-A2*（或者*TmHKT7-A1*、*TmHKT7-A2*）；*Nax2*命名为*TmHKT1*；*5-A*（Munns et al，2012）；*Kna1*命名为*TaHKT1*；*5*（Huang. et al，2006；Byrt et al，2007）。

水稻是目前发现的*HKT*基因家族成员最多的植物，在粳稻品种日本晴的基因组中共克隆出9个成员Subfamily1亚家族中有5个：*OsHKT1*；*1*，*OsHKT1*；*2*，*OsHKT1*；*3*，*OsHKT1*；*4*，*OsHKT1*；*5*，Subfamily2 亚家族中有4个：*OsHKT2*；*1*，*OsHKT2*；*2*，*OsHKT2*；*3*，*OsHKT2*；*4*。包括两个假基因*OsHKT1*；*2*和*OsHKT2*；*2*（Garciadeblas et al，2003）。已报道OsHKT2；1 在根的表皮和皮层细胞中表达（Kader & Lindberg，2008），为钠离子特异转运载体，与*TaHKT2*；*1*基因的高亲和的吸收Na^+可以被K^+激活的特性相比，其Na^+转运活性则被外界高K^+所抑制（Rubio et al，1995；Yao et al，2010）。在水稻Nona Bokra × Koshihikari杂交群体中QTL定位出*SKC1/OsHKT1*；*5*基因，被证明编码Na^+离子转运载体蛋白，表达在根中木质部薄壁细胞膜，卸载木质部中钠 离子限制其往地上部运输，进而降低叶片中Na^+离子含量。

拟南芥中AtHKT1；1离子转运蛋白已在蛙卵与酵母的异源表达系统中证明为Na^+特异性转运载体（Uozumi et al，2000），拟南芥自身的*AtHKT1*；*1*基因突变后，其地上部Na^+含量增加，表现为盐敏感的表型（Maser et al，2002a）。在盐胁迫下，被证明可控制地上部与地下部Na^+分布，通过卸载往地上部运输的木质部汁液中的Na^+来降低地上部Na^+含量（Gong et al，2004；Sunarpi et al，2005；Rus et al，2006；Davenport et al，2007）；且在地上部韧皮部中Na^+回流中也起重要作用（Berthomieu et al，2003）。

高粱（*Sorghum bicolour*）作为C_4模式作物，具有耐旱、耐贫瘠、耐盐碱等多重抗性，是公认的耐盐植物，相对拟南芥与水稻较耐盐，*SbHKTs*是高粱来源的HKT同源蛋白编码的基因家族，该家族有4个成员（*SbHKT1*；*3*，*SbHKT1*；*4*，*SbHKT1*；*5*，*SbHKT2*；*1*），通过蛋白序列比对分析，均具有保守的丝氨酸/甘氨酸P-Loop位点和功能结构域TrkH，且通过利用烟草表皮细胞瞬时表达技术证明了SbHKTs蛋白定位于细胞质膜，该基因家族在抗盐胁迫中的功能及信号调控还没有任何报道（王甜甜，2013；Wang et al，2014b）。在高粱中，这4个基因的表达具有组织表达特异性，又在一定程度上表现出交叉，表现出功能上的分化和重叠。分析该基因家族启动子区的顺式作用元件，发现存在11～15个参与应答干旱、高盐等非生物胁迫及逆境信号传导途径相关的响应元件；通过检测该4个基因在不同浓度钠钾离子胁迫状态下的表达，证明此4个基因的表达受外界钠钾离子浓度变化的较大调控响应，且它们在胁迫下的表达调节也表现出显著的差异和分化，其中 *SbHKT1；4* 在外界含有较高钠离子和充足钾离子的条件下上调最为明显（王甜甜，2013）。因此，从分子水平上预测它在盐胁迫条件下维持细胞质内适宜K^+浓度及平衡植株体内K^+/Na^+比方面起到重要调控作用。这4个基因的功能比预期的要复杂得多，可能在执行生理功能和对非生物胁迫反应上具有各自的生物学意义。

为深入了解高粱种子萌发和苗期耐盐性的遗传机制，Wang等从来自石红137和L-甜的181个重组自交系中分离到38个与耐盐性相关的QTLs（表7-1）（Wang et al，2014a）。在盐胁迫下苗期检测到6个表型变异大于10%的主效QTLs。这些结果表明，高粱萌发期和苗期耐盐性的遗传机制不同，在高粱发育过程中不同生育期的耐盐性的遗传调控位点的确定还需要进一步的研究。

7.7 高粱对铝毒害的耐受性

在热带和亚热带地区，铝毒害是食物安全的一个重要的限制因素。在酸性土壤中，铝被溶解成离子的形式（Al^{3+}），尤其是当土壤pH值低于5时。Al^{3+}对植物是非常有毒害的，通过抑制细胞分裂、细胞伸长或者是细胞分裂和细胞伸长来限制根系的生长。这样，根系水和蛋白质的摄入受到影响，结果是植物生长、发育受阻（Foy et al，1993）。因此，在世界上热带和亚热带地区，铝毒害成为高粱产量的主要限制因素（Doumbia et al，

1993）。除了自然引起酸性土壤外，农业方式可能会降低土壤pH值，导致铝毒害而造成产量损失。阐明高粱耐铝毒害的遗传和分子机制有望促进耐铝品种的培育。利用定位克隆，一个编码多药和有毒化合物（MATE）的基因家族（铝激活柠檬酸转运体），被鉴定为主要的高粱铝耐受位点Alt（Sb）（Magalhaes et al，2007）。这些标记已经被育种家快速地将最有利的*SbMATE*等位基因导入高粱种质中，目前正在酸性土壤中进行大田试验。类似的结果也在玉米*ZmMATE1*基因表达中被证明（Guimaraes et al，2014）。Alt（Sb）调控区的多态性可能导致等位基因效应，从而增加耐盐基因型根尖Alt（Sb）的表达。此外，铝诱导Alt（Sb）的表达和通过增加根系柠檬酸的分泌诱导铝毒害耐受有关（Magalhaes et al，2007）。这些信息可以使科学家鉴定出优越的Alt（Sb）单倍体，这些单倍型可以通过分子育种和生物技术纳入酸性土壤育种计划，从而有助于提高以酸性土壤为主的发展中国家的作物产量。

7.8 生物胁迫抗性

7.8.1 虫害

高粱的生物量和产糖量受到生物胁迫的严重影响，包括大约150种害虫，其中100多种发生在非洲（Guo et al，2011）。为害最大的害虫是鳞翅目二化螟（*Chilo partellus*）、双翅目蠓（*Stenodiplosis sorghicola*）和 高粱芒蝇（*Atherigona soccata*）。鉴于一些害虫寄主范围广，以及栽培种质对主要高粱害虫如茎螟、头虫和粘虫的抗性水平较低，将传统植物抗性与来自其他来源（如 *Bacillus thuringiensis*，*Bt* 毒蛋白）的新基因相结合的分子植物育种方法将是非常必要的。苏云金芽孢杆菌杀虫晶体蛋白（CRY）对鳞翅目和双翅目昆虫有很好的杀虫效果。*Bt*和其他基因，包括蛋白酶抑制剂、酶、植物次生代谢产物和植物凝集素，目前正在评估杀虫活性，以便最终用于改造棉花、玉米、水稻、高粱、豆类、烟草、马铃薯、甘蔗、花生和西红柿，并减少这些害虫造成的损失（Sharma et al，2004；Visarada & Kishore，

2007）。

高粱吸浆虫是世界上对籽实高粱为害最大的害虫（Young & Teetes，1977）。虽然甜高粱以牺牲籽粒为代价积累糖分，但高粱吸浆虫对甜高粱籽粒的为害会影响生物量和糖分的积累。开花时，雌蚊产卵在高粱小穗上，幼虫在接下来的2周内取食子房，导致籽粒发育失败。用经典的方法，已经鉴定出40多种对蚊蝇有抗性的高粱品种（Sharma et al，1999），可用于抗病新品种培育，减轻甜高粱的生物量和糖分的损失。

麦二叉蚜（*Schizaphis graminum*），是高粱的主要害虫之一，可对高粱植株造成严重为害，特别是在美国大平原地区。确定引起麦二叉蚜抗性的染色体区域将有助于图位克隆和分子标记辅助育种。共鉴定出36个影响麦二叉蚜抗虫性和耐性的QTLs（Agrama et al，2002；Katsar et al，2002；Nagaraj et al，2005；Wu & Huang 2008；Punnuri et al，2013）。

麦穗食心虫（头虫）是撒哈拉以南非洲高粱的主要害虫（Ajayi et al，2001）。影响甜高粱穗部生物量和糖积累。连锁群C上3个QTLs占千粒重性状表型变异的13%。高粱中另外9个基因组区域被鉴定为在控制高粱头虱抗性中起作用（Deu et al，2005），一个叶焦斑QTL，*QLsc.txs-B*，解释了8.5%的遗传变异（Feltus et al，2006）。

高粱芒蝇是高粱的一种害虫，尤其在美国和澳大利亚，这种昆虫的幼虫会切断正在生长的顶端茎的生长点，导致死心症状。高粱对地上部高粱芒蝇抗性的遗传变异已经被检测出来，这种多态性已经被用来识别控制地上部高粱芒蝇抗性的遗传位点。鉴定出9个与叶片光泽度抗性相关的QTLs，单个QTL解释的表型变异范围为7.6%～14.0%（Satish et al，2009；Aruna et al，2011）。鉴定了7个分布在5条染色体上的控制产卵的QTLs，其中2个分别位于SBI-07和SBI-10，1个分别位于SBI-01、SBI-05和SBI-09，单个QTL解释的表型变异范围为5.0%～19.0%。在SBI-10染色体上，标记Xnhsbm 1044附近，检测到该性状的一个主要QTL，解释了出苗后21d平均卵量和出苗后28d平均卵量表型变异的19.0%和16.1%。6个死心性状的QTLs分布在3条染色体上，分别有1个QTL位于SBI-05和SBI-09染色体上，4个位于SBI-10染色体上（Satish et al，2009）。

7.8.2 叶部病害

高粱也受到叶部病害的负面影响，这些叶部病害包括炭疽病、靶叶斑病、带状叶斑病、德氏叶枯病和锈病。高粱炭疽病是由炭疽菌（*Colletotrichum Subineolum*）引起的，其主要特征是植株衰弱，严重降低籽粒产量、品质和生物量。这种疾病在温暖潮湿的环境中更为流行和严重，在那里它会造成重大的经济损失。该病原菌引起苗枯病、叶枯病、茎腐病、穗枯病和谷粒成型，从而限制了牧草和粮食生产。其中，叶部炭疽病最为严重，尤其是直接影响甜高粱品种的产糖量（Dalianis，1997）。利用4个AFLP标记在高粱品种SC748-5中定位了位于连锁群SBI-05远端的炭疽病抗性显性基因*Cg1*（Perumal et al，2009；Ramasamy et al，2009）。高粱抗炭疽病核心种质242份的关联分析，发现与炭疽病抗性相关的基因（Upadhyaya et al，2013）。它们包括NB-ARC类R基因（*Sb10-g021850*，*Sb10-g021860*）在7号位点，与稻瘟病抗性*Pib*基因（登录号BAA76281）有20%的同源性（Wang et al，1999）。目前，已经提出了炭疽菌基因组序列的草案，它代表了一种新的资源，将有助于进一步研究这一关键病原体的生物学、生态学和进化，并找到减轻其对栽培高粱的破坏能力的方法。

由紫锈菌（*Puccinia Purpurea*）引起的高粱锈病也是很重要的一种病害，因为它的存在使高粱容易患上其他主要病害，如茎腐病和炭腐病。目前已鉴定出8个抗锈性效果显著的位点（Tao et al，1998）（表7-1）。各位点解释的表型变异占总表型变异的百分比在6.8%～42.6%。

7.8.3 圆锥花序病害

高粱麦角病菌（*Clavicep africana*）是影响甜高粱汁液和锤度的主要病原菌（http://fenalce.org/archivos/SorFee.pdf），对世界范围内的高粱产业构成重大威胁。高粱对麦角的抗性受多基因控制，花粉性状、花粉数量和花粉生活力与麦角侵染率存在中度的遗传相关性。目前9个基因位点控制高粱麦角病的侵染率（表7-1）（Parh et al，2008）。

7.8.4 茎腐病

茎腐病是由球胞菌引起的，在世界范围内主要的高粱生长区也是一个重要的土传病害发生区。在Dharwad位点和Bijapur位点分别检测到5个抗茎腐病QTLs和4个抗茎腐病QTLs（Reddy et al，2008）。在CaMV35S启动子作用下编码水稻几丁质酶的重要基因*chiII*已转入高粱用于抵抗高粱茎腐病（*Fusarium Thapsinum*）（Krishnveni et al，2001）。

7.9 杂草控制

杂草在农业中造成了一系列问题，与农作物争夺光、水和养分，为昆虫和疾病提供了一个蓄水池，并污染了种子。多年生单子叶植物，如“约翰逊草”，跻身于世界上最有害的杂草之列。现在农业生产技术的改善和除草剂在控制杂草方面的使用，一定程度上抑制了杂草的为害。转5-烯丙酮基莽草酸-3-磷酸合成酶基因（*CP4 epsps*）的抗草甘膦作物加速了草甘膦的广泛使用，成为世界农业中使用最广泛的除草剂（Duke & Powles，2008），因为它能有效地控制约翰逊草等顽固性杂草的生长。然而，随着这些除草剂长期使用，增加了选择性压力，导致了几种杂草产生广泛抗药性（Busi et al，2013）。例如，新陈代谢抗性（增强的新陈代谢能力，使除草剂解毒）可以通过内源性细胞色素P450单加氧酶、葡萄糖转移酶（GTS）、谷胱甘肽S转移酶（GSTs）和/或芳酰胺酶等（Carey et al，1995）能代谢除草剂的物质来获得（Yu & Powles，2014）。再加上过去30年来市场上缺乏新的除草剂，特别是在欧洲地区对除草剂更严格的注册法规，导致一些除草剂的损失，威胁到世界范围内的作物生产（Heap，1990）。

综合杂草管理方法已经被誉为控制杂草种群的一种有效的工具，此外，它还可以减少杂草管理措施对环境的影响，增加种植的可持续性，并减少杂草对除草剂抗性的选择压力（Harker & O’Donovan，2013）。转2,4-二氯苯氧乙酸（2,4-D）基因玉米植株对芳氧苯氧丙酸（*AAD-1*）除草剂的抗性历经4个世代均表现出较强的抗性，且在任何生长阶段均不受2,4-二氯苯氧乙酸（2,4-D）的伤害。表达*AAD-12*的拟南芥植株对2,4-D、三氯吡啶和氟脲嘧啶都有抗性，表达*AAD-12*的转基因大豆植株在五代中保持了对2,4-D的抗性，这表明单一的*AAD*转基因可以同时抗性包括2,4-D在内的一系列农艺上重要的除草剂，在单子叶和双子叶作物中都有应用，这可以帮助转基因保持草本植物的生产力和环境效益。这表明，单一的*AAD*基因可以提供对包括2,4-D在内的一系列农艺上重要的除草剂的同时抗性，并可用于单子叶和双子叶作物中，帮助转基因抗除草剂作物的生产力和环境效益（Wright et al，2010）。近年来，人们提出利用携带高效基因的多拷贝转座子进行杂草治理，多拷贝转座子在种群中迅速传播，与核转基因不同，它出现在大约100%的后代中，而核转基因出现在一定比例的分离种群中（Gressel & Levy，2014）。

7.10 生物燃料综合征及其遗传决定因素

生物燃料综合征，指与甜高粱的生物燃料生产相关的一系列特征，这些特征将甜高粱与籽实高粱和青贮高粱类型区分开来。它们包括与植物结构（叶、根和茎）、开花时间（成熟期）和生物量生物转化效率相关的性状。表7-2系统介绍了甜高粱生物燃料综合征及其遗传成分（数量性状位点）。表7-2总结了过去在与生物燃料生产相关的高粱性状的遗传和分子机理方面所做的科学努力。在高粱中鉴定了855个控制生物燃料相关性状的遗传位点，这些性状与植株结构（根、叶和茎）、开花时间和生物量转化为生物燃料的速率有关。影响生物燃料相关性状的重叠数量性状位点（QTL）在不同的作图群体中均有报道，表明这些性状在不同的环境中具有可塑性，QTL检测的统计能力有限。例如，Kong等检测到的分蘖QTL（Kong et al，2014）与先前F_2群体中发现的分蘖QTL重叠（Paterson et al，1995）。到目前为止，这些QTL区域内的基因可能是提高甜高粱生物量和生物燃料生产性能的潜在目标。在已知的物理和遗传图谱上，高粱染色体上分别定位到154个QTLs和319个QTLs。为了方便直观地显示并比较这些QTLs在高粱染色体上的分布，制作了这些QTL的图谱（图7-2）。

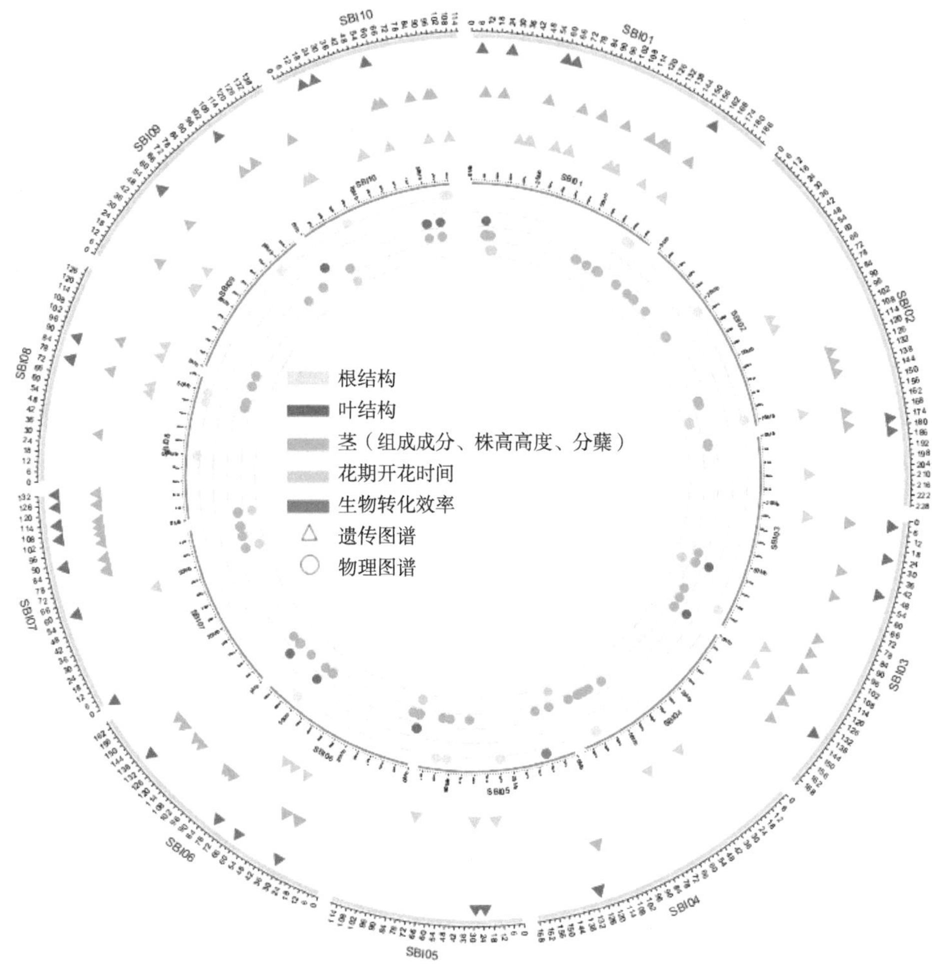

图7-2 在高粱染色体上生物燃料综合征QTL图谱分布

Figure7-2 The atlas of QTLs for the biofuel syndrome distributed on sorghum chromosomes

已知遗传位置的QTL用矩形标记表示在外圆上。内圈上的圆形标记代表已知物理位置的QTL。控制特定性状的QTL用不同的颜色表示

QTLs with known genetic positions are represented on the outer circle with rectangular marks. The circular marks on the inner circles represent QTLs with known physical positions. QTLs controlling specific traits are represented by different colors

表7-2 调控高粱生物燃料相关的QTLs

Table 7-2 QTLs controlling biofuel syndrome in sorghum

性状	性状类别	QTLs数	QTL名称	参考文献
根结构	根长	1	*qRL4*	Fakrudin et al（2013）
	单株根系数	1	*qRN1*	
	根系的体积	1	*qRV1*	
		1	*qRV4*	
	根系的鲜重	1	*qRF4*	
	根系的干重	1	*qRD4*	
		1	*qRDW1_2*	Mace et al（2012）
		1	*qRDW1_5*	
		1	*qRDW1_8*	
	枝/根比	1	*qRS10*	Fakrudin et al（2013）
		1	*qRS10.1*	
	支撑根数	1	*qRT6*	Li et al（2014a，b）
		1	*qRT7*	
	节根角度	1	*qRA1_5*	Mace et al（2012）
		1	*qRA2_5*	
		1	*qRA1_8*	
		1	*qRA1_10*	
		1	*qSDW1_1*	
		1	*qSDW1_5*	
		1	*qTLA2_8*	
		1	*qTLA3_8*	
		1	*qTLA4_8*	
合计		22		

（续表）

性状	性状类别	QTLs数	QTL名称	参考文献
叶结构	叶角	1	*QLea.txs-A*	Hart et al（2001）
		1	*QLea.txs-E*	
		1	*QLea.txs-I*	
	叶总数	1	*ln3*	Lu et al（2011）
		1	*In7*	
		1	*In8*	
		1	*In10*	
		1	*QTnl-sbi01-1*	Srinivas et al（2009）
		1	*QTnl-sbi01-2*	
		1	*QTnl-sbi03*	
		1	*QTnl-sbi07*	
		1	*QTl-dsr03a*	Reddy et al（2013）
		1	*QTl-dsr03b*	
		1	*QTl-dsr03c*	
		1	*QTl-dsr01-1*	
		1	*QTl-dsr09-3*	
		4	*qNL10*，*qNL10.1*，*qNL10.2*，*qNL1*	Fakrudin et al（2013）
	叶长	1	*u6*	Lu et al（2011）
		1	*u6*	
		1	*U10*	
		3	*QLln.txs-F*，*QLln.txs-Ga/Gb*，*QLln.txsHa/Hb*，	Feltus et al（2006）
		2	*QLln.uga-F*，*QLln.uga-D*	
	叶宽	3	*Lw1*，*Lw4*，*Lw6*	Lu et al（2011）
		3	*QLwd.txs-Ea/Eb*，*QLwd.txs-F*，*QLwd.txs-H*	Feltus et al（2006）

（续表）

性状	性状类别	QTLs数	QTL名称	参考文献
		6	*QLwd.uga-A1*，*QLwd.uga-A2*，*QLwd.uga-B1*，*QLwd.uga-B2*，*QLwd.uga-J*，*QLwd.uga-D*	
		1	*QLwd.txs-E*	
	叶形曲线	6	*QLcv.txs-D1*，*QLcv.txs-D2*，*QLcv.txs-G*，*QLcv.txs-Ha*，*QLcv.txs-Hb*，*QLcv.txs-I*	
	叶距	2	*QLpt.txs-D*，*QLpt.txs-G*	
	旗叶长	4	*qFLL10*，*qFLL2*，*qFLL3*，*qFLL7*	Zou et al（2012）
	旗叶宽	9	*qFLW1a*，*qFLW1b*，*qFLW2a*，*qFLW4*，*qFLW6a*，*qFLW6b*，*qFLW1c*，*qFLW2a*，*qFLW2b*	
	叶片组成与产量	15	未命名	Murray et al（2008b）
	茎/叶鲜重	8	*SbAGF08-Xcup25*，*Xtxp043-Xtxp329*，*Xtxp329-Xtxp88*，*Xtxp284-Xtxp06*，*Xcup20-Xtxp34*，*SbAGF06-Xcup19*，*Xtxp321-Xtxp250*，*Sb5-206-SbAGE0*	Guan et al（2011）
合计		85		
茎的结构	纤维质量	79	未命名	Shiringani & Friedt（2011）
	纤维素含量	16	未命名	
	纤维相关性状	56	未命名	
	剥离的茎秆质量	15	未命名	
	干茎质量	10	未命名	

（续表）

性状	性状类别	QTLs数	QTL名称	参考文献
	鲜生物量	10	未命名	
	干生物量	16	未命名	
	茎秆含汁量/鲜茎重量	1	*12-26cM*	
		14	*Xcup25-SEST249*，*Xtxp329-Xtxp088*，*Xtxp284-Xtxp061*，*Sb1-10-SbAGG02*，*SbAGF06-Xcup19*，*Sb5-206-SbAGE03*，*Undhsbm105*，*xtxp141*，*xtxp273*，*fwp1*，*fwp3*，*fwp6*，*Dwp7*，*Dwp9*	Shiringani et al（2010）Guan et al（2011）Lu et al（2011）Peng et al（2013）
		22	未命名	Felderhoff et al（2012）
	茎秆锤度	5	*Xtxp329-Xtxp88*，*Xcup74-Xcup29*，*Xtxp009-Sb5-236*，*SbAGF06-Xcup19*，*Xtxp340*	Guan et al（2011）Peng et al（2013）
		14	未命名	Shirigani et al（2010）
		19	未命名	Felderhoff et al（2012）
	茎秆组成	36	未命名	Murray et al（2008a，2008b）
	茎秆葡萄糖含量	12	未命名	Ritter et al（2008）
	茎秆蔗糖含量	14	未命名	Shiringani & Friedt（2011）
	茎秆糖含量	22	未命名	
	果糖含量	2	未命名	
	蔗糖产量	7	未命名	Ritter et al（2008）

（续表）

性状	性状类别	QTLs数	QTL名称	参考文献
	蔗糖/总糖比例	3	未命名	Felderhoff et al（2012）
	营养物质产量	17	未命名	
	干生物量	45	未命名	
	湿度	7	未命名	
	株高	4	*dw1*（*Sb-HT9.1*），*dw2*，*dw3*，*dw4*	Quinby（1974） Pereira & Lee（1995） Rami et al（1998） Hart et al（2001） Kebede et al（2001） Murray et al（2008a） Ritter et al（2008） Guan et al（2011） Sabadin et al（2012） Takai et al（2012） Reddy et al（2013） Upadhyaya et al（2013）
		2	未命名	Felderhoff et al（2012）
		17	未命名	Guan et al（2011） Shiringani & Friedt（2011）
		2	*QPhe-sbi07-1*，*QPhe-sbi06-2*	Srinivas et al（2009）
		2	*Ph2*，*Ph8*	Lu et al（2011）
		6	*HtAvgD1*，*HtAvgC1*，*HtAvgA1*，*HtAvgG1*，*HtAvgJ1*，*HtMG2*	Lin et al（1995） Rami et al（1998）
		1	*qSV6*	Kebede et al（2001） Ritter et al（2008） Guan et al（2011）

（续表）

性状	性状类别	QTLs数	QTL名称	参考文献
		2	*Pht F.2*，*Pht G.2*	Kebede et al（2001）
		8	*QPh-dsr09-1*，*QPh-dsr09-3*，*QPh-dsr03a*，*QPh-dsr03b*，*QPh-dsr07-1*，*QPh-dsr01-2*，*QPh-dsr04-2*，*QPh-dsr05*	Reddy et al（2013）
		9	*QHtu.txs-Ea/Eb*，*QHtu.txsF*，*QHtu.txs-G*，*QHtu.uga-D*，*qPH6a*，*qPH6b*，*qPH7*，*qPH1*，*qPH6ac*	Feltus et al（2006） Rami et al（1998）
		14	*QNpb-sbi01-1*，*QNpb-sbi01-2*，*QNpb-sbi05*，*QNpb-sbi07*，*QNpb-sbi08*，*QPB-dsr03a*，*QPB-dsr03b*，*QPB-dsr03c*，*QPB-dsr03d*，*QPB-dsr01-1*，*QPB-dsr01-2*，*QPB-dsr05*，*QPB-dsr07-1*，*QPB-dsr10-2*	Srinivas et al（2009） Reddy et al（2013）
	主茎高秆节数	1	*QCuh.txs-C*	Hart et al（2001）
	秆长	2	*QCL6.1/qCL6.2*，*QCL7*	Takai et al（2012）
	秆宽	2	*qCW1*，*qCW6*	
	秆数	2	*qCN1*，*qCN6*	
	节数	8	*qNN1b*，*qNN6*，*qNN1a*，*qNN1c*，*qNN7*，*qNN6*，*qNN8a*，*qNN8b*	Zou et al（2012）
	茎粗	23	*sd1*，*Sd3*，*Sd7*，14个未命名的QTLs，*qSD1*，*qSD6a*，*qSD7a*，*qSD7b*，*qSD4*，*qSD6b*	Shiringani et al（2010） Lu et al（2011） Zou et al（2012）

（续表）

性状	性状类别	QTLs数	QTL名称	参考文献
	茎根比	1	*sl1*	Lu et al（2011）
	分蘖	4	*QTih.uga-C*，*QTih.uga-C2*，*QTih.uga-D*，*QTih.uga-J*	Feltus et al（2006）
		2	*QTih.txs-A*，*QTih.txs-E*	Hart et al（2001） Kong et al（2014）
		4	*QTina.txs-A1*，*QTina.txs-A2*，*QTina.txs-H*，*QTina.txs-I*	
		3	*QTinb.txs-A*，*QTinb.txs-I1*，*QTinb-txs-I2*	
		4	*pSBJ95-pSBO62*，*pSBO95-pSB428*，*pSB510-pSB300b*，*pSBO67-pSB784*	Paterson et al（1995a，1995b）
		6	*pSB614-pSB613*，*pSBO95-pSB428*，*pSBJ93-pSB341*，*pSB510-pSB300b*，*pSB106-pSB430a*，*pSBO67-pSB784*	
		2	未命名	Murray et al（2008a）
		20	*tn1a*，*tn1b*，*tn2*，17个未命名QTLs	Lu et al（2011） Shiringani et al（2010）
合计		593		
开花时间	花期/成熟期	2	*DFB*，*DFG*	Crasta et al（1999）
		3	*QMa.txs-F1*，*QMa.txs-F2*，*QMa.txs-G*	Hart et al（2001）
		6	*Ma1*，*Ma2*，*Ma3*，*Ma4*，*Ma5*，*Ma6*	Kebrom et al（2006） Takai et al（2012） Murphy et al（2014）

（续表）

性状	性状类别	QTLs数	QTL名称	参考文献
		16	未命名	Mace et al（2013）
		16	未命名	Felderhoff et al（2012）
		11	*qFT1-1*，*qFT1-2*，*qFT2*，*qFT3*，*qFT5b*，*qFT7*，*qFT8*，*qFT8b*，*qFT10*，*qFT5*，*qFT6*	El Mannai et al（2011）
		2	*Flr F*，*Flr G*	Kebede et al（2001）
		4	*qHD6b*，*qHD6a*，*qHD6c*，*qHD8*	Zou et al（2012）
		9	*QDan-sbi01-1*，*QDan-sbi01-2*，*QDan-sbi02-1*，*QDan-sbi02-2*，*QDan-sbi03*，*QDan-sbi05*，*QDan-sbi06*，*QDan-sbi07*，*QDan-sbi08*	Srinivas et al（2009）
		3	*FlrAvgD1*，*FlrAvgB1*，*FlrFstG1*	Lin et al（1995）
		5	未命名	Shiringani et al（2010）
		18	*QDma-sbi01-3*，*QDan-sbi01-1*，*QDan-sbi01-2*，*QDan-sbi02-1*，*QDan-sbi02-2*，*QDan-sbi03*，*QDan-sbi05*，*QDan-sbi06*，*QDan-sbi07*，*QDan-sbi08*，*QDm-dsr01-1*，*QDm-dsr01-2*，*QDm-dsr02-3a*，*QDm-dsr02-3b*，*QDm-dsr03*，*QDm-dsr07-1*，*QDm-dsr09-3*，*QDm-dsr10-2*	Srinivas et al（2009） Reddy et al（2013）
		6	*QDf-dsr01-1*，*QDf-dsr03*，*QDf-dsr05*，*QDf-dsr07-1*，*QDf-dsr09-3*，*QDf-dsr10-2*	Reddy et al（2013）

（续表）

性状	性状类别	QTLs数	QTL名称	参考文献
		4	未命名	Ritter et al（2008）
合计		105		
生物转化效率	茎秆4h糖释放量	4	*QSt4hs_10_Tv_2A*，*QSt4hs_10_Tv_5A*，*QSt4hs_10_Tv_8A*，*QSt4hs_10_Tv_9A*	Vandenbrink et al（2013）
		2	*QSt4hs_11_Tv_3A*，*QSt4hs_11_Tv_5A*	
	茎秆12h糖释放量	3	*QSt12hs_10_Tv_2A*，*QSt12hs_10_Tv_7*，*QSt12hs_10_Tv_9A*	
		2	*QSt12hs_11_Tv_3*，*QSt12hs_11_Tv_5A*	
	茎秆24h糖释放量	4	*QSt24hs_11_Tv_1A*，*QSt24hs_11_Tv_3A*，*QSt24hs_11_Tv_5A*，*QSt24hs_11_Tv_9A*	
		3	*QSt24hs_10_Tv_3A*，*QSt24hs_10_Tv_7A*，*QSt24hrs_10_Tv_9A*	
	茎秆12h水解产率潜力	3	*QStHYP12_11_Tv_3A*，*QStHYP12_11_Tv_5A*，*QStHYP12_11_Tv_9A*	
		3	*QStHYP12_10_Tv_5A*，*QStHYP12_10_Tv_7A*，*QStHYP 12_10_Tv_9A*	
	茎秆24h水解产率潜力	3	*QStHYP24_11_Tv_3A*，*QStHYP24_ 11_Tv_5A*，*QStHYP24_11_Tv_9A*	

（续表）

性状	性状类别	QTLs数	QTL名称	参考文献
		2	*QStHYP24_10_Tv_7A*，*QStHYP24_10_Tv_9A*	
	叶片4h糖释放量	3	*QStHYP24_11_Tv_3A*，*QStHYP24_11_Tv_5A*，*QStHYP24_11_Tv_9A*	
		2	*QStHYP24_10_Tv_7A*，*QStHYP24_10_Tv_9A*	
	叶片12h糖释放量	3	*QLf12hs_11_Tv_3A*，*QLf12hs_11_Tv_3B*，*QLf12hs_11_Tv_8A*	
		2	*QLf12hs_10_Tv_3A*，*QLf12hs_10_Tv_5A*	
	茎秆24h糖释放量	2	*QLf24hs_10_Tv_5A*，*QLf24hs_10_Tv_9A*	
		1	*QLf24hs_11_Tv_3A*	
	叶12h水解产量潜力	3	*QLfHYP12_11_Tv_3A*，*QLfHYP12_11_Tv_3B*，*QLfHYP12_11_Tv_8A*	
		2	*QLfHYP24_11_Tv_1A*，*QLfHYP24_11_Tv_3A*	
	叶24h水解产量潜力	1	*QLfHYP24_10_Tv_9A*	
	结晶指数	2	*QStCI_10_2A*，*QStCI_10_3A*	
合计		50		
总数		855		

7.10.1 植物结构

7.10.1.1 根结构

植物根系构型是指由遗传程序和外界信号决定的根际初生根和侧生根的排列，对产量和植物整体生产力起主要作用（Herder et al，2010）。已经表明，对于分配给根系的给定生物量，根系直径和组织密度性状控制根系的长度和表面积（Fitter，2002）。较小的直径和较细的根系增加了与土壤水接触的表面积，增加了可用于水分和根系导水率的土壤体积，同时也提高了根系的生长速度（Robinson et al，1999；Comas et al，2012）。因此，减少根部直径的育种有可能增强植物在干旱条件下水分的吸收和生产力（Wasson et al，2012）。为了在边际土地上实现生物能源作物的最佳生长和促进碳固定，它们的不定根和侧根需要分布较浅和分散，以便在表层土壤中寻找扩散受限的养分并减少陡峭的径流，而较深的根系发育以增加水分和可溶性养分的吸收（Hirel et al，2007）。

在C_4植物中，特别是在干旱条件下，高粱具有较高的水分和养分利用效率（Lipinsky & Kresovich，1980；Steduto et al，1997），部分原因是其广泛的根系可以渗透到土壤中1.5～2.5m，并延伸到离茎1m远的地方（Pellerin & Pagès，1996）。据报道，耐旱的高粱品系的根比对干旱敏感的品系至少深40cm，在干旱条件下持绿品系的根更深（Salih et al，1999；Vadez et al，2005）。控制高粱根系性状的多个QTLs包括根长、单株根系数量、根系体积、根系鲜重和干重（Mace et al，2012；Fakrudin et al，2013）、支撑根数（Li et al，2014a）和节点根角（Mace et al，2012）已被确定（表7-2）。克隆与这些位点相关的基因，改进甜高粱根系结构的遗传设计，将有望提高生物，创造具有较强植物体稳定性的杂种，这是可持续生物燃料生产的先决条件。

根系性状是由复杂的相互作用的遗传途径调控的，这些调控途径可能会随着对环境变化的感知而改变。事实上，S期激酶相关蛋白2（SKP2B）被认为是侧根发育的新的早期标记，并且主要由植物激素生长素和细胞分裂素协调（Moubayidin et al，2009；Péret et al，2009；Manzano et al，

2012）。此外，过氧化物酶活性和活性氧物种信号在侧根萌发过程中是特别需要的（Manzano et al，2014）。水稻和玉米突变体中根分支缺陷的基因已经克隆，是与极化的生长素运输、细胞分裂素反应途径和转录因子有关的基因，包括在玉米、水稻中生长素诱导的转录因子（Taramino et al，2007；Inukai et al，2005）和在水稻中一个调控细胞分裂素的WUSCHEL相关的同源基因（Zhao et al，2009）。这些基因在高粱根系发育中的作用尚未得到证实，可能对形成生物燃料生产途径至关重要。

已知microRNA（miRNA）可以调节拟南芥和玉米的侧根分支和模式（Marin et al，2010；Kong et al，2013b），而专用的miRNA微阵列方法可鉴定高粱中的miRNA（Pasini et al，2014）。最近，证明了不对称的22nt amiRNA介导的RNA沉默以及相关的phasiRNA的产生和活性，在介导拟南芥内源性靶基因（Chalcone synthase）的广泛RNA沉默方面的有效性被证明，为开发植物内源性RNA沉默机制提供了另一种途径（McHale et al，2013）。鉴于这些发现，了解禾本科植物中的miRNA，有可能开发miRNA作为操纵生物燃料作物根系结构的工具。

7.10.1.2 叶结构

叶片结构是指叶片的形态特征，例如叶片角度、大小、形状、重量、数量、组成、宽度和长度。叶的大小和尺寸（形状、数量、宽度和长度）受叶细胞数量的影响，这种关系表明细胞分裂控制着叶片的大小。不同高粱品种的叶片尺寸差异很大，可能影响植物的能量捕获能力，将捕获的能量转化为生物质和生理活动。较小的叶片在炎热干燥的环境和高强度的太阳辐射下是有利的，而较大的叶片在较低的辐照度和凉爽潮湿的环境中具有较低的能量交换能力（Ackerly et al，2002）。叶片长30～135cm，宽1.5～13cm，它们围绕茎秆生长。无汁品种的叶中脉呈白色或黄色，多汁品种的叶中脉呈绿色（www.icrisat.org/text/coolstuff/crops/gcrops2.html）。鉴于光合作用是甜高粱生物量的主要来源，从遗传上分析功能叶片的形态特征，特别是叶片的大小和尺寸，对于提高高粱的生物量具有重要意义。如表7-2和图7-2所示，共有84个遗传基因座控制着叶片的形态多样性，例如叶片数量（Srinivas et al，2009；Lu et al，2011；Reddy et al，2013），叶片的长度、宽度、叶形曲线

（Feltus et al，2006；Lu et al，2011），高粱的旗叶长度和旗叶宽度（Zou et al，2011）以及茎叶鲜重（Guan et al，2011）已从重组自交系（RIL）作图群体中分离出来。这些研究揭示了高粱叶片结构特征的分子机制，表明高粱具有调节叶构型以提高生物量生产的潜力。高粱叶片形态多样性的遗传分析有助于育种工作者提高农作物的产量。对这些控制叶片多样性的QTL的遗传区域进行精细定位和构建单染色体片段系，为今后的分子标记辅助育种奠定基础。高粱已被证明具有更高的氮素利用效率，增加了高粱作为生物能源的吸引力（Heaton et al，2008）。叶片氮浓度越高，甜高粱产糖量越高（Serrão et al，2012），这表明氮肥的施用与高糖、高生物燃料产量相关。的确，叶片木质纤维素生物质（结构性碳水化合物）每公顷的能量产量比糖和淀粉（非结构性碳水化合物）高（Murray et al，2008b）。叶面积指数用于量化植物冠层结构，影响光子捕获、光合作用、同化物分配和生长（Tsialtas & Maslaris，2008），是模拟高粱生长发育的重要参数（Narayanan et al，2014）。

直立叶角（LA），即第三叶—叶片结合部相对于主茎的夹角（直立叶），决定了种植密度并增加了光合作用的采光量，从而影响了生物量的产量，并已被证明推动现代玉米杂交种的持续增产（Mason et al，2008；Tian et al，2011）。水稻*OsBRI1*基因突变使水稻具有半矮秆身材和直立叶片，在高种植密度下比野生型增产30%（Sakamoto et al，2005；Morinaka et al，2006）。在诱导的高粱突变体群体中可获得许多独立的直立叶突变体，这些突变体可以促进功能基因组学的发展（Xin et al，2009）。

7.10.1.3 茎成分

甜高粱茎含有直接可发酵的糖，次生细胞壁富含纤维素、半纤维素木聚糖和木质素（Murray et al，2008a；Wang et al，2009）。甜高粱中蔗糖磷酸合成酶（SPS2和SPS3）和液泡转化酶基因的表达水平均低于籽粒高粱。两个蔗糖转运蛋白（SUT1和SUT4）的较低表达与甜高粱中糖的积累较高相关（Qazi et al，2012）。这表明，高糖含量的调控网络更加复杂。茎秆含糖量增加的遗传机制依赖于渐渗，并且已经被证明是加性的或显性的效应（Schluhuber 1945；Clark et al，1981）。多个遗传位点控制高粱茎秆组成（Murray et al，2008a；Ritter et al，2008；Shiringani et al，2010；Guan et al，2011；Lu et al，2011；Felderhoff et al，2012）。与开花期的籽实高粱相比，甜高粱与细胞壁形成相关的转录本下调，这表明茎中的碳分配可能是糖含量基因型变异的一种机制（Calvino & Messing，2012）。

植物细胞壁含有影响生物质质量的纤维素、半纤维素和木质素多糖（Carpita & McCann，2008），它们可以水解为糖，然后发酵为乙醇。为了以经济有效的方式生产可再生生物燃料，需要使用纤维素含量增加的植物生物质，这些纤维素可以通过最少的预处理就可以降解为糖（Biswal et al，2015）。基于干物质的高粱生物量（生物量中不含水的部分）约为23%的纤维素、14%的半纤维素和11%的木质素（www.eere.energy.gov/biomass/progs/search1.cgi）。高粱生物量质量的提高取决于物种内的遗传变异性、性状的遗传力、选择强度以及植物育种者了解控制这些性状的遗传结构的能力。由于高分辨率遗传作图的适应性有限，因此识别控制这些性状的基因是困难的。为了解决这个问题，已经确定了与细胞壁含量（中性洗涤纤维、酸性洗涤纤维、酸性洗涤木质素、纤维素、半纤维素）和生物量产量性状（鲜叶质量、去茎质量、干茎质量、新鲜生物量和干生物量）相关联的染色体区域（Murray et al，2008a；Shiringani & Friedt，2011）（表7-2）。将高纤维品质和高生物量的优良等位基因集合在单个重组自交系中，是生产高生物质和生物能源高粱育种材料的方法。此外，玉米和高粱茎秆中的许多细胞壁成分的QTL是共定位的，并聚集在特定的染色体上（Cardinal et al，2003；Barriere et al，2008；Shiringani & Friedt，2011），这表明控制细胞壁成分的基因可能在高粱基因组中是连锁的，或者是以多效性的方式起作用的。

7.10.1.4 株高

株高是生物量的重要组成部分，株高的调节具有提高生物量产量的潜力。甜高粱品种通常高达3m以上，在半干旱地区每公顷可生产58.3 ~ 80.5t鲜茎的生物量（Wang & Liu，2009）。事实上，包括赤霉素和油菜素类固醇在内的植物生长调节剂分别促进茎的伸长和植物的整体生长，它们的新陈代谢和信号传递对控制植株高度都是至关重要的（Li & Jin，2007；Yamaguchi，2008）。赤霉素缺乏症是由参与GA生物合成早期阶段的4个基因（*SbCPS1*、*SbKS1*、*SbKO1*、*SbKAO1*）的任何功能丧失突变引起的，不仅导致严重的矮化，而且还导致高粱的茎秆弯曲异常（Ordonio et al，2014）。此外，与对照相比，高表达*PvSUS1*的转基因柳枝蓟株高增加了37%，生物量增加了13.6%，分蘖数增加了79%（Poovaiah et al，2014）。这些表明，利用甜高粱品种生产高水平的赤霉素和表达蔗糖合成酶（SUS）将是创造更高的抗倒性和生物量的新途径，并与其他基因叠加以提高单位耕地面积的生物燃料产量。鉴定株高性状的QTLs对于了解矮秆机理和有效利用新的矮秆种质资源具有重要意义。

4个控制高粱株高的遗传位点（*dw1*、*dw2*、*dw3*和*dw4*）被识别出来（Lin et al，1995；Pereira & Lee，1995；Rami et al，1998；Hart et al，2001；Kebede et al，2001；Klein et al，2001；Natoli et al，2002；Murray et al，2008b；Ritter et al，2008；Guan et al，2011；Sabadin et al，2012；Takai et al，2012；Reddy et al，2013；Upadhyaya et al，2013），育种者已经将这些矮化突变导入到优良品种中以降低株高（Quinby 1974）。当前的高粱商业品系包含3个组合的突变（*dw1*、*dw2*和*dw4*）。*dw3*是唯一被克隆的矮化基因，编码与生长素运输有关的磷酸糖蛋白，由于其强大的提高高粱收货指数的能力，*dw3*通常被包括在组合中（Multani et al，2003）。然而，*dw3*唯一可用的突变等位基因是不稳定的，根据遗传背景，它会以0.1%～0.5%的频率自发地恢复到高个型（Klein et al，2001）。还发现了控制高粱株高和植株整齐度性状的其他遗传位点（Lin et al，1995；Rami et al，1998；Kebede et al，2001；Ritter et al，2008；Srinivas et al，2009；Shiringani et al，2010；Guan et al，2011；Lu et al，2011；Felderhoff et al，2012；Reddy et al，2013），主茎高度（Hart et al，2001），茎秆的长度、宽度和数量（Takai et al，2012）、节数（Zou et al，2012）和茎数（Shiringani et al，2010；Lu et al，2011；Zou et al，2012）（表7-2），为甜高粱分子育种策略的改进提供了重要见解。

7.10.1.5 分蘖

除株高外，分蘖或分枝程度也是枝条结构和生物量的基本构成因素。（Conway & Toenniessen，1999），对糖分积累有积极影响（Jordan et al，

2004）。作物基因型多样性和与之相关的生长环境决定了分蘖的表型可塑性。例如，高分蘖基因型能更好地适应最优环境中的最大限度的资源利用（Borrell et al，2014）。最近的研究表明，穗部成熟的分蘖和未成熟的二次枝条均与干生物质呈正相关（Kong et al，2014）。

分蘖角是获得理想植物结构的另一个关键农艺性状，因为分蘖角较小或生长习性直立的植物被认为是紧凑的植物结构，可采取高密度种植，提高光合作用效率并提高生物量产量。在水稻中，稻草酸内酯生长调节剂主要通过降低局部吲哚乙酸含量来抑制植物生长素的生物合成，从而通过减轻地心引力来调节水稻分蘖角（Sang et al，2014）。此外，通过对表现出分蘖增加和株高降低的典型水稻突变体*dwarf27*的特征分析，表明DWARF27（D27）是一种生物合成稻谷内酯所需的含铁蛋白质，它调节水稻分蘖芽的生长（Lin et al，2012）。高粱分蘖程度的变化，包括分蘖高度（Feltus et al，2006）、最高的基础分蘖高度、每株基础分蘖数（Hart et al，2001），播种后8d的分蘖数（Paterson et al，1995）和分蘖总数（Shiringani et al，2010；Lu et al，2011）（表7-2）。在水稻中，*TAC1*是一种控制分蘖和叶角的主效基因，已证明可以控制多种与生物能源生产相关的性状（Zhao et al，2014），为在甜高粱育种中改进分蘖和叶角性状提供基因资源。

7.10.2 开花期

开花期是一种受光周期敏感性调节的性状，由于该性状显著影响植物对生态环境的适应和生物量积累，因此有可能提高生物燃料产量（Rooney et al，2007）。对于甜高粱等一年生作物，延迟开花和花发育通常会增加植物的生物量。因此，可以通过有针对性地调控植物开花和花的发育来提高植物的生物量（Zhang & Wang，2015）。例如，选择晚花能源高粱杂交种以提高生物量产量（Rooney，2004；Rooney et al，2007）。高粱是一种短日照的植物，其对光周期的敏感程度部分取决于成熟位点*ma1*到*ma6*的等位基因。*ma1*对应于*PSEUDORESPONSE REGULATOR PROTEIN37*（*SbPRR37*），*SbPRR37*是一种长日照开花抑制因子，在最近的育种工作中发挥了重要作用，以产生用于生物燃料生产的新品系（Mullet et al，

2014b）。*SbPRR37*的表达是以光周期依赖的波形调节的生物钟，在短日照条件下，*SbPRR37*的表达高峰在早上，而在长日照或恒定的光照条件下，*SbPRR37*的表达存在早高峰和晚高峰。生物合成过程与每日和季节性环境条件同步，使资源能够在一天和一年中最有利的时间进行分配（Bendix et al，2015）。*ma3*编码光敏色素B（*PhyB*），这是一种红光感受器，通过抑制*TEOSINTE BRANCHED1*的表达在光周期感知和抑制开花中发挥重要作用，并诱导高粱腋芽对光信号的响应（Kebrom et al，2006）。*ma6*编码*SbGhd7*（*Sb06 G000570*），*SbGhd7*是*EARLY HEADING DATE 1*（*SbEHD1*）的表达抑制因子，开花时间长，不依赖*ma1*途径，从而提高了生物量积累和籽粒产量（Murphy et al，2014）。目前已确定了100多个控制高粱开花时间的遗传位点（表7-2），它们可能有助于精细定位、基于图谱的基因分离以及通过分子标记辅助育种将高粱改良为能源作物。

7.10.3 生物转化效率

生物转化效率或发酵效率是指可溶性碳水化合物（葡萄糖、果糖和蔗糖）和不溶性碳水化合物（纤维素和半纤维素）转化为生物燃料的程度。生物质能草的转化效率与结晶度指数呈负相关，结晶度指数是纤维素中结晶物质的相对含量。高粱叶和茎的木质纤维素生物量转化效率性状受遗传控制，与酶促生物量转化效率相关的49个位点以及与结晶度指数性状相关的2个位点已经被确定（Vandenbrink et al，2013）（表7-2）。这些与生物过程有关的QTL对于鉴定基因和开发有利于实现工业生产的基因型是必需的。

糖化是水解酶将木质纤维素材料分解为可发酵糖以生产生物燃料的过程。定位和鉴定影响糖化产量的基因是遗传改良植物以提高生物燃料生产率的重要的第一步。与糖化产量相关的位点有7个，β-微管蛋白和NAC次级壁增厚促进因子1（*NST1*）是这些位点上的候选基因（Wang et al，2013）。通过在拟南芥中表达与衰老诱导型启动子相连的纤维素酶等细胞壁降解酶，增强了纤维素生物质有效生产生物燃料的糖化能力（Furukawa et al，2014）。在柳枝稷中，通过操纵microRNA（mRNA）下调咖啡酸O-甲基转移酶（*COMT*）基因的作用一定程度上降低了木质素含量，降低了丁香基与愈创木脂基木质素单体的比例，改善了饲草质量，最重要的是，使用传统的生物质发酵工艺可使乙醇产量提高38%（Fu et al，2011）。因此，木质素生物合成途径的单木酚特异性分支中基因的下调可能成为改善甜高粱生物量加工的策略。

棕色中脉突变体（*Bmr*）与提高高粱秸秆向乙醇的转化效率以及降低细胞壁和维管组织中的木质素含量有关，这可能有利于纤维素生物燃料的生产（Vermerris et al，2007）。大约29个具有木质素生物合成改变的突变体被归类为*bmr2*、*bmr6*、*bmr12*和*bmr19*。位于SBI-04上的*Bmr6*（*Sb04 g005950*）和位于SBI-07上的*bmr12*（*Sb07 g003860*）分别代表肉桂醇脱氢酶（CAD）和单木酚途径的COMT的突变形式（Mace & Jordan，2010）。CAD或COMT活性受损的突变体因其木质素组成的改变和消化率的提高而引起了农业科研工作者的兴趣。事实上，从*bmr6*的差异基因表达分析中发现了对木质素生物合成机制的有价值的见解，这导致了11个单醇生物合成关键酶基因的上调，而它们的启动子具有共同的myb位点，表明*MYB1*转录因子（*Sb02 G031190*）可能与这些基因在高粱中的上调有关（Li et al，2014b）。寻找已知位点的新突变体和新等位基因，为提高高粱秸秆转化为乙醇的效率提供了新的遗传资源。柳枝稷中miR156的过表达抑制SQUAMOSA启动子结合蛋白（SPL）基因，增加了总的生物量积累，同时使未经预处理的木质纤维素材料的转化效率提高了24.2%～155.5%，在酸预处理的样品中增加了40.7%～72.3%。过量表达拟南芥*CESA3ixr1-2*基因的转基因烟草在没有化学试剂或热预处理的情况下，糖化作用得到改善，从转基因叶片和茎样本中分别多释放了45%和25%的糖（Sahoo & Maiti，2014）。因此，从实践的角度来看，可以采用类似的转基因策略将基因引入甜高粱中以提高生物质的转化效率。

7.10.4 收获与收后储存

甜高粱作为一种乙醇原材料的潜力有限，这是因为甜高粱的采后贮藏特性差，而且在温带气候下受霜冻的限制，收获窗口期很短。甜高粱是季节性供应的，储存起来也很昂贵，这使有效利用基础设施和安排劳动力变得困难。延迟的发酵和霜冻的天气会导致果汁“变酸”，其特征是通过生产有机酸导致糖分损失、乙醇产量降低或发酵失败（Parrish & Cundiff，1985）。甜高粱中的直接发酵糖在收获后相对较短的时间内被包括细菌、酵母菌和霉菌在内的天然微生物菌种转化为乳酸。因此，在收获后相对较短的时间内，冷冻汁如果储存在4℃下，可以在较长的天数内保持稳定，几乎不会变质（Daeschel et al，1981）。

最大限度地减少收获后可发酵糖的损失是将甜高粱作为生物能源作物开发的基础。青贮饲料已被用来克服糖分收获期短，霜冻和冻害的局限性，从而延长了糖分的货架寿命。使用凉/冷（无冷冻）贮藏成功地将整个高粱茎保存了150d，而可发酵碳水化合物没有显著损失（Parrish & Cundiff，1985）。将提取的果汁浓缩成稳定的糖浆并将糖浆用作全年发酵的原料是另一种存储可发酵碳水化合物的策略。但是，这些方法需要相对较高的资本支持（Bennett & Anex，2009）。将pH值调至极限水平以抑制微生物活性可以延长鲜榨果汁的货架期，或者由于鲜榨汁不稳定，因此在榨汁后不久就可以开始发酵过程。如果在榨汁后不久用酵母发酵，则可立即开始转化为乙醇，从而将糖损失降至最低（Bellmer et al，2010）。为了调整收获时间，有人建议相同品种的不同时间种植，另一种方法是种植不同基因型的不同成熟度的种子（Xin & Wang，2011）。

7.11 前景展望：甜高粱的理想表型

在大田中，出现多种非生物胁迫（旱、盐、热、冷、寒冷、冻、营养、高光强、臭氧和厌氧胁迫）和生物胁迫（虫害和病害）。因此，植物的表现受胁迫的程度、胁迫发生的持续性等影响（Mittler & Blumwald，2010）。在实验室条件下，植物对复合胁迫的反应与它们对单个胁迫的反应不同。后者的反应激活了与所遇到的确切环境条件相关的基因表达的特定程序。这些反应是复杂的，可能涉及转录、细胞和生理水平的变化。为高粱育种提供了可利用的遗传和基因组资源（Carpita & McCann，2008），它们提供了利用涉及传统育种和生物技术的多学科方法，为未来甜高粱的改良作出贡献的机会，以适应生物和非生物胁迫。例如，在热带气候中，就限制高粱生长和繁殖的潜力而言，干旱胁迫是最重要的，其次是独脚金寄生，真菌和细菌病害。因此，选育耐干旱和独脚金寄生的理想高粱品种将是该地区理想的育种目标。正如前面所讨论的，通过基因工程和经典育种已经证明了对非生物和生物胁迫的抗性。在苏丹，抗旱和抗独脚金的高粱栽培品种已经通过经典的育种获得了。

在温带环境中，生长早期低于15℃的低温限制了高粱的生长，这是高粱等暖季粮食作物的关键农艺性状。培育早春季耐寒性的高粱新品种将会适合温带地区（Yu & Tuinstra，2001）。到目前为止，中国高粱、山渠红（Knoll et al，2008）和RTx403×PI567946的F_7重组自交系群体（Burow et al，2011b）在低温条件下表现出较高的出苗率和较强的幼苗活力，比现有的大多数自交系表现出更高的出苗率和更强的活力。然而，它们缺乏理想的农艺性状。高粱理想抗寒性新品种可以通过分子标记辅助选择将中国地方品种的理想基因导入优良品系来培育（Knoll et al，2008；Burow et al，2011a）。

在全球作物生产中，除草剂的使用不断增加，用除草剂来提高对草的控制，增加了肥料的使用，有可能在不久的将来提高许多发展中国家的作物产量（Gianessi，2013）。对高粱来说，约翰逊草等是高粱的天然杂草，对大多数除草剂都有抵抗力（Heap，2014）。此外，它们可以与栽培高粱杂交（Morrell et al，2005；Muraya et al，2011）。这表明，导入高粱的转基因很容易进入并保留在这些野生物种中，这些野生物种经常与非洲的栽培高粱共生（Mutegi et al，2010）。根状茎形成性状与高粱越冬存活有一定的相关性和遗传连锁关系。调控越冬的遗传机制有可能将杂草的风险降到最低，并创造出多年生高粱，这些高粱可以在以前不能越冬的气候中越冬（Paterson et al，1995；Washburn et al，2013）。这些多年生越冬高粱可通过延长生物量生产期和降低生产成本来提高甜高粱的生物燃料产量。

目前，生物燃料是由玉米，油料作物和甘蔗等农作物生产的，约占世界运输燃料的2.5%。芒草和柳枝稷也是生物燃料生产的潜在原料，但缺点是必须由纤维素生产乙醇，与甜高粱相比，生产成本增加。甘蔗是多倍体，因此不太适合通过转基因方法提高茎秆含糖量新品种培育（Calvino &

Messing，2012）。利用改良的甜高粱理想株型生产生物燃料，除了其固有特性外，还可能有助于取代化石燃料的使用，逐步淘汰以作物为基础的生物燃料，并且不与人畜等争夺粮食，因此必须迅速开展。

在这方面，提出了超级甜高粱理想型的概念，利用基因工程手段设计适用于不同气候带的甜高粱品种。超级甜高粱品种的目标是边际土壤条件下较高的生物量、产量和茎中可溶性糖产量。因此，Murray等（2008b）提出可以将高产量和可溶性糖含量这两个性状集合到一个甜高粱品种。烟草中已经证明，参与蔗糖代谢的聚合基因、UDP-葡萄糖焦磷酸化酶、蔗糖合成酶和蔗糖磷酸合成酶直接影响初级生长，从而影响生物量的生产，增加株高（Coleman et al，2010）。根据气候带的不同，组合所需的性状也会有所不同。尽管高茎糖和汁液含量以及高生物量可能是所有品种都需要优化的性状，但实现同一结果的方式可能有所不同。例如，高大的植物似乎是高糖和生物量产量的关键，但对于大风天气或倒伏是主要限制因素的地区，茎秆直径的增加可能更有利。此外，在不同气候带的育种计划中可能需要考虑特定的性状。对于中国北方和欧洲高地，耐寒性是种子早期发芽和幼苗生长的有利特征；对于热带和亚热带地区，除了培育抗独角金的品种外，确定合适的成熟度以达到一年三到四季的产量以提高年生物量和培育更能适应极端环境条件的多年生甜高粱品种将是育种的目标；而对于干旱和半干旱地区，培育水分利用效率高、成株耐旱性强的理想类型是必要的（Anami et al，2015）。

通过分子生物学手段针对生物燃料综合征，提高甜高粱在恶劣环境条件下的生物量产量、糖分和汁液含量，可能有助于实现生物燃料生产的可持续性（Duke 2014）。甜高粱不需要大量使用优质农地，转基因甜高粱可能会在更少的土地上生产更多的生物质，而且降低了生物质生产能源的成本。因此，利用生物技术手段培育超级甜高粱品种前景广阔。

参考文献

景海春，刘智全，张丽敏，等，2018. 饲草甜高粱分子育种与产业化[J]. 科技导报，63（17）：1 664-1 676.

李干，王国栋，怀聪，等，2016. SpCas9结构域相互作用关键氨基酸的动态网络分析[J]. 计算生物学，6（3）：50-61.

李希陶，刘耀光，2016. 基因组编辑技术在水稻功能基因组和遗传改良中的应用[J]. 生命科学，28（10）：1 243-1 249.

李银凤，2007. 继代次数对草地早熟禾愈伤组织内源激素水平和DNA变异的影响[D]. 北京：中国林业科学研究院.

单琳琳，夏海滨，2018. 成簇的规律间隔的短回文重复序列（CRISPR）介导的基因组编辑技术研究进展[J]. 细胞与分子免疫学杂志，34（9）：856-862.

罗洪，张丽敏，夏艳，等，2015. 能源植物高粱基因组研究进展[J]. 科技导报，33（16）：17-26.

王甜甜，2013. 高粱HKT基因家族的克隆及其钠钾离子转运特性的功能分析[D]. 北京：中国科学院大学.

王影，李相敢，邱丽娟，2018. CRISPR/Cas9基因组定点编辑中脱靶现象的研究进展[J]. 植物学报，53（4）：528-541.

于辉，徐涵，1997. 基因工程与国际生物安全规范[C]. 中国国际法年刊. 71-105.

张丽敏，2013. 因组内大片段获得与缺失变异挖掘及其与重要农艺性状的关联分析[D]. 吉林：吉林大学.

张亚旭，2012. DNA重组技术的研究综述[J]. 生物技术进展，2（1）：57-63.

朱忠旭，陈新，2015. 单细胞测序技术及应用进展[J]. 基因组学与应用生物学，34（5）：902-908.

Able J A，Rathus C，Godwin I D，et al.，2001. The investigation of optimal bombardment parameters for transient and stable transgene expression in sorghum[J]. In Vitro Cell. Dev. Biol.Plant，37：341-348.

Abudayyeh O O，Gootenberg J S，Konermann S，et al.，2016. C2c2 is a single-component programmable RNA-guided RNA-targeting CRISPR effector[J]. Science，353（6 299）：aaf5573.

Aglawe S，Fakrudin B，Patole C，et al.，2012. Quantitative RT-PCR analysis of 20 transcription factor genes of *MADS*，*ARF*，*HAP2*，*MBF* and *HB* families in moisture stressed shoot and root tissues of sorghum[J]. Physiol. Mol. Biol. Plants，18：287-300.

Agrama H，Widle G，Reese J，et al.，2002. Genetic mapping of QTLs associated with greenbug resistance and tolerance in *Sorghum bicolor*[J]. Theor. Appl. Genet.，104：1 373-1 378.

Ajayi O，Sharma H，Tabo R，et al.，2001. Incidence and distribution of the sorghum head bug，*Eurystylus oldi* Poppius（Heteroptera：Miridae）and other panicle pests of sorghum in West and Central Africa[J]. Int. J. Trop. Insect Sci.，21：103-111.

Akashi R，Adachi T，1992. Somatic embryogenesis and plant regeneration from cultured immature inflorescences of apomictic dallisgrass（*Paspalum dilatatum* Poir.）[J]. Plant Science，82：213-218.

Akosambo-Ayoo L，Bader M，Loerz H，et al.，2013. Transgenic sorghum（*Sorghum bicolor* L. Moench）developed by transformation with chitinase and chitosanase genes from *Trichoderma harzianum* expresses tolerance to anthracnose[J]. Afr. J. Biotechnol.，10：3 659-3 670.

Aly R，Cholakh H，Joel D M D，et al.，2009. Gene silencing of mannose 6-phosphate reductase in the parasitic weed *Orobanche aegyptiaca* through the production of homologous dsRNA sequences in the host plant[J]. Plant

Biotechnol. J., 7: 487-498.

Anami S E, Mgutu A J, Coussens G, et al., 2010. Somatic embryogenesis and plant regeneration of tropical maize genotypes[J]. Plant Cell, Tissue Organ Cult., 102: 285-295.

Anami S, Njuguna E, Coussens G, et al., 2013. Higher plant transformation: principles and molecular tools[J]. Int. J. Dev. Biol., 57: 483-494.

Aneeta, Sanan-Mishra N, Tuteja N, et al., 2002. Salinity-and ABA-induced up-regulation and light-mediated modulation of mRNA encoding glycine-rich RNA-binding protein from *Sorghum bicolor*[J]. Biochem. Biophys. Res. Commun., 296: 1 063-1 068.

Anyamba A, Small J L, Britch S C, et al., 2014. Recent weather extremes and impacts on agricultural production and vector-borne disease outbreak patterns[J]. PLoS ONE, 9: e92538.

Arulselvi I, Krishnaveni S, 2009. Effect of hormones, explants and genotypes in *in vitro* culturing of sorghum[J]. J. Biochem. Technol., 1: 96-103.

Aruna C, Bhagwat V, Madhusudhana R, et al., 2011. Identification and validation of genomic regions that affect shoot fly resistance in sorghum [*Sorghum bicolor* (L.) Moench][J]. Theor. Appl. Genet., 122: 1 617-1 630.

Atwell S, Huang Y S, Vilhjalmsson B J, et al., 2010. Genome-wide association study of 107 phenotypes in *Arabidopsis thaliana* inbred lines[J]. Nature, 465: 627-631.

Avila-Ospina L, Moison M, Yoshimoto K, et al., 2014. Autophagy, plant senescence, and nutrient recycling[J]. J. Exp. Bot., 65 (14): 3 799-3 811.

Avrova A O, Taleb N, Rokka V M, et al., 2004. Potato oxysterol binding protein and cathepsin B are rapidly up-regulated in independent defence pathways that distinguish R gene-mediated and field resistances to Phytophthora infestans[J]. Mol. Plant Pathol., 5: 45-56.

Badu-Apraku B, Yallou C, 2009. Registration of resistant and drought-tolerant tropical early maize populations TZE-W Pop DT STR C and TZE-Y Pop DT STR C[J]. J. Plant Regist., 3: 86-90.

Balota M, Payne W, Veeragoni S, et al., 2010. Respiration and its relationship to germination, emergence, and early growth under cool temperatures in sorghum[J]. Crop Sci., 50: 1 414-1 422.

Bänziger M, Setimela P S, Hodson D, et al., 2006. Breeding for improved abiotic stress tolerance in maize adapted to southern Africa[J]. Agric. Water Manag., 80: 212-224.

Bao W L, Wan Y L, Baluška F, 2017. Nanosheets for delivery of biomolecules into plant cells[J]. Trends Plant Sci., 22: 445-447.

Baroncelli R, Sanz-Martín J M, Rech G E, et al., 2014. Draft genome sequence of Colletotrichum sublineola, a destructive pathogen of cultivated sorghum[J]. Genome Announc., 2: e00540-14.

Bartlett J G, Alves S C, Smedley M, et al., 2008. High-throughput *Agrobacterium*-mediated barley transformation[J]. Plant Methods, 4: 22-33.

Batrraw M, Hall T, 1991.Stable transformation of *Sorghum bicolor* protoplasts with chimeric neomycin phosphotransferease Ⅱ and β-glucuronidase genes[J]. Theor. Appl. Genet., 82: 161-168.

Bekele W A, Wieckhorst S, Friedt W et al., 2013. High-throughput genomics in sorghum: from whole-genome resequencing to a SNP screening array[J]. Plant Biotechnol. J., 11: 1 112-1 125.

Belhaj K, Garcia C A, Kamoun S, et al., 2013. Plant genome editing made easy: targeted mutagenesis in model and crop plants using the CRISPR/Cas system[J]. Plant Methods, 9: 39-48.

Belhaj K, Chaparro-Garcia A, Kamoun S, et al., 2015. Editing plant genomes with CRISPR/Cas9[J]. Curr. Opin. Biotechnol., 32: 76-84.

Belo A, Zheng P, Luck S, et al., 2008. Whole genome scan detects an allelic variant of *fad2* associated with increased oleic acid levels in maize[J]. Mol. Genet. Genomics, 279: 1-10.

Belton P S, Taylor J R N, 2004. Sorghum and millets: protein sources for Africa[J]. Trends Food Sci. Technol., 15: 94-98.

Berndes G, Hoogwijk M, van den Broek R, 2003. The contribution of biomass in the future global energy supply: a review of 17 studies[J]. Biomass Bioenergy, 25: 1-28.

Boer L D, Oakes V, Beamish H, et al., 2008. Cyclin A/cdk2 coordinates centrosomal and nuclear mitotic events[J]. Oncogene, 27: 4 261-4 268.

Boora K S, Frederiksen R, Magill C, 1998. DNA-based markers for a recessive gene conferring anthracnose resistance in sorghum[J]. Crop Sci., 38: 1 708-1 709.

Borrell A K, Mullet J E, George-Jaeggli B, et al., 2014a. Drought adaptation of stay-green sorghum is associated with canopy development, leaf anatomy, root growth, and water uptake[J]. J. Exp. Bot., 65: 6 137-6 139.

Borrell A K, Hammer G L, Douglas A C, 2000a. Does maintaining green leaf area in sorghum improve yield under drought? I. Leaf growth and senescence[J]. Crop Sci., 40: 1 026-1 037.

Borrell A K, Hammer G L, Henzell R G, 2000b. Does maintaining green leaf area in sorghum improve yield under drought? Ⅱ. Dry matter production and yield[J]. Crop Sci., 40: 1 037-1 048.

Borrell A K, Oosterom E J, Mullet J E, et al., 2014b. Stay-green alleles individually enhance grain yield in sorghum under drought by modifying canopy development and water uptake patterns[J]. New Phytol., 203: 817-30.

Bouchet S, Pot D, Deu M, et al., 2012. Genetic structure, linkage disequilibrium and signature of selection in sorghum: lessons from physically anchored DArT markers[J]. PLoS One, 7: e33470.

Brettell R, Wernicke W, Thomas E, 1980. Embryogenesis from cultured immature inflorescences of *Sorghum bicolor*[J]. Protoplasma, 104: 141-148.

Buchanan C D, Lim S, Salzman R A, et al., 2005. *Sorghum bicolor*'s transcriptome response to dehydration, high salinity and ABA[J]. Plant Mol. Biol., 58: 699-720.

Bueso F J, Waniska R D, Rooney W L, et al., 2000. Activity of antifungal proteins against mold in sorghum caryopses in the field[J]. J. Agric. Food Chem., 48: 810-816.

Burgess M G, Rush C, Piccinni G, et al., 2002. Relationship between charcoal rot, the stay-green trait, and irrigation in grain sorghum[J]. Phytopathology, 92: S10.

Burow G, Burke J J, Xin Z, et al., 2011a. Genetic dissection of early-season cold tolerance in sorghum (*Sorghum bicolor* (L.) Moench) [J]. Mol. Breeding, 28: 391–402.

Burow G, Xin Z, Franks C, et al., 2011b. Genetic enhancement of cold tolerance to overcome a major limitation in sorghum[C]. American Seed Trade Association Conference Proceedings.

Busi R, Vila-Aiub M M, Beckie H J, et al., 2013. Herbicide-resistant weeds: from research and knowledge to future needs[J]. Evol. Appl., 6: 1 218–1 221.

Cai C Q, Doyon Y, Ainley W M, et al., 2009. Targeted transgene integration in plant cells using designed zinc finger nucleases[J]. Plant Mol. Biol., 69: 699–709.

Cai T, Daly B, Butler L, 1987. Callus induction and plant regeneration from shoot portions[J]. Plant Cell, Tissue Organ Cult., 9: 245–252.

Carey V, Duke S O, Hoagland R E, et al., 1995. Resistance Mechanism of Propanil-Resistant Barnyardgrass 1. Absorption, Translocation, and Site of Action Studies[J]. Pestic. Biochem. Physiol., 52: 182–189.

Carpita N C and McCann M C, 2008. Maize and sorghum: genetic resources for bioenergy grasses[J]. Trends Plant Sci., 13: 415–420.

Carrie S T, Justin M M, Race H H, et al., 2013. Retrospective genomic analysis of sorghum adaptation to temperate-zone grain production[J]. Genom Biol., 14: R68.

Carvalho C H S, Zehr U B, Gunaratna N, et al., 2004. *Agrobacterium*-mediated transformation of sorghum: factor that affect transformation efficiency[J]. Genet. Mol. Biol., 27: 259–269.

Casa A M, Pressoir G, Brown P J, et al., 2008. Community Resources and Strategies for Association Mapping in Sorghum[J]. Crop Sci., 48: 30–40.

Casas A, Kononowicz A, Zehr U, et al., 1993. Transgenic sorghum plants via microprojectile bombardment[J]. Proc. Natl. Acad. Sci. U. S. A., 90: 11 212–11 216.

Cencic R, Miura H, Malina A, et al., 2014. Protospacer adjacent motif (PAM) -distal sequences engage CRISPR Cas9 DNA target cleavage[J]. PLoS ONE, 9 (10): e109213.

Chen J S, Dagdas Y S, Kleinstiver B P, et al., 2017. Enhanced proofreading governs CRISPR-Cas9 targeting accuracy[J]. Nature, 550 (7 676): 407–410.

Chen T Z, Wu S J, Zhao J, et al., 2010. Pistil drip following pollination: a simple in planta *Agrobacterium*-mediated transformation in cotton[J]. Biotechnol. Lett., 32: 547–555.

Chen Y, Zeng S, Hu R, et al., 2017. Using local chromatin structure to improve CRISPR/Cas9 efficiency in zebrafish[J]. PLoS ONE, 12 (8): e0182528.

Cho S W, Kim S, Kim Y, et al., 2014. Analysis of off-target effects of CRISPR/Cas derived RNA-guided endonucleases and nickases[J]. Genome Research, 24: 132–141.

Choi H W, Lee B G, Kim N H, et al., 2008. A role for a menthone reductase in resistance against microbial pathogens in plants[J]. Plant Physiol., 148: 383–401.

Clough S J, Bent A F, 1998. Floral dip: a simplified method for *Agrobacterium*-mediated transformation of *Arabidopsis thaliana*[J]. The Plant Journal, 16: 735–743.

Cockram J, White J, Zuluaga D L, et al., 2010. Genome-wide association mapping to candidate polymorphism resolution in the unsequenced barley genome[J]. Proc. Natl. Acad. Sci. U. S. A., 107: 21 611–21 616.

Cohen S N, Chang A C Y, Boyer H W, et al., 1973. Construction of biologically functional bacterial plasmids *in vitro*[J]. Proc. Natl. Acad. Sci. U. S. A., 70: 3 240–3 244.

Collins N C, Tardieu F, Tuberosa R, 2008. Quantitative trait loci and crop performance under abiotic stress: where do we stand[J]. Plant Physiol.,

147：469–486.

Coussens G，Aesaert S，Verelst W，et al.，2012. *Brachypodium distachyon* promoters as efficient building blocks for transgenic research in maize[J]. J. Exp. Bot.，63：4 263–4 273.

Crasta O，Xu W，Rosenow D，et al.，1999. Mapping of post-flowering drought resistance traits in grain sorghum：association between QTLs influencing premature senescence and maturity[J]. Mol. Gen. Genet.，262：579–588.

Cromwell C R，Sung K，Park J，et al.，2018. Incorporation of bridged nucleic acids into CRISPR RNAs improves Cas9 endonuclease specificity[J]. Nature Communications，9（1）：e1448.

Curtis I，Nam H，2001. Transgenic radish（*Raphanus sativus* L. longipinnatus Bailey）by floral-dip method-plant development and surfactant are important in optimizing transformation efficiency[J]. Transgenic Res.，10：363–371.

Dalianis C，1997. Productivity，sugar yields，ethanol potential and bottlenecks of sweet sorghum in European Union[C]. In 1st International sweet sorghum conference，65–79.

Dalla Marta A，Mancini M，Orlando F，et al.，2014. Sweet sorghum for bioethanol production：crop responses to different water stress levels[J]. Biomass Bioenergy，64：211–219.

Damte T，Pendleton B B，Almas L K，2009. Cost-benefit analysis of sorghum midge，Stenodiplosis sorghicola 1（Coquillett）-resistant sorghum hybrid research and development in Texas[J]. Southwest. Entomol.，34：395–405.

Datta K，Velazhahan R，Oliva N，et al.，1999. Over-expression of the cloned rice thaumatin-like protein（PR-5）gene in transgenic rice plants enhances environmental friendly resistance to Rhizoctonia solani causing sheath blight disease[J]. Theor. Appl. Genet.，98：1 138–1 145.

Demirer G S，Zhang H，Matos J L，et al.，2019. High aspect ratio nanomaterials enable delivery of functional genetic material without DNA integration in mature plants[J]. Nat. Nanotechnol.，14：456–464.

Deu M，Ratnadass A，Hamada M，et al.，2005. Quantitative trait loci for head-bug resistance in sorghum[J]. African J. Biotech.，4：247–250

Dev Sharma A，Kumar S，Singh P，2006. Expression analysis of a stress-modulated transcript in drought tolerant and susceptible cultivars of sorghum（*Sorghum bicolor*）[J]. J. Plant Physiol.，163：570–576.

Dianov G L，Hubscher U，2013. Mammalian base excision repair：the forgotten archangel[J]. Nucleic Acids Research，41（6）：483–490.

Ding Y，Li H，Chen L L，et al.，2016. Recent advances in genome editing using CRISPR / Cas9[J]. Frontiers of Plant Science，7：703.

Doench J G，Fusi N，Sullender M，et al.，2016. Optimized sgRNA design to maximize activity and minimize off-target effects of CRISPR-Cas9[J]. Nat. Biotechnol.，34：184–191.

Doench J G，Hartenian E，Graham D B，et al.，2014. Rational design of highly active sgRNAs for CRISPR-Cas9-mediated gene inactivation[J]. Nat. Biotechnol.，32：1 262–1 267.

Dong D，Ren K，Qiu X L，et al.，2016. The crystal structure of Cpf1 in complex with CRISPR RNA[J]. Nature，532：522–526.

Doumbia M，Hossner L，Onken A，1998. Sorghum growth in acid soils of West Africa：variations in soil chemical properties. Arid Land Res[J]. Manag.，12：179–190.

Doumbia M，Hossner L，Onken A，1993. Variable sorghum growth in acid soils of subhumid West Africa[J]. Arid Land Res. Manag.，7：335–346.

Dugas D V，Monaco M K，Olson A，et al.，2011. Functional annotation of the transcriptome of Sorghum bicolor in response to osmotic stress and abscisic acid[J]. BMC Genom.，12：514.

Duke S O，Powles S B，2008. Glyphosate：a once-in-a-century herbicide[J]. Pest Manag. Sci.，64：319–325.

Dutt M，Grosser J W，2009. Evaluation of parameters affecting *Agrobacterium*-mediated transformation of citrus[J]. Plant Cell，Tissue Organ Cult.，98：331–340.

Eady C, Lister C, Suo Y, et al., 1996. Transient expression of uidA constructs in *in vitro* onion (*Allium cepa* L.) cultures following particle bombardment and *Agrobacterium*-mediated DNA delivery[J]. Plant Cell Rep., 15: 958-962.

Edwards G E, Franceschi V R, Voznesenskaya E V, 2004. Single-cell C_4 photosynthesis versus the dual-cell (Kranz) paradigm[J]. Annu. Rev. Plant Biol., 55: 173-196.

Ejeta G, Gressel J, 2007. Integrating new technologies for Striga control: towards ending the witch-hunt[M]. London: World Scientific Publishing.

Elkonin L A, Pakhomova N V, 2000. Influence of nitrogen and phosphorus on induction embryogenic callus of sorghum[J]. Plant Cell, Tissue Organ Cult., 61: 115-123.

Elkonin L, Lopushanskaya R, Pakhomova N, 1995. Initiation and maintenance of friable, embryogenic callus of sorghum [*Sorghum bicolor* (L.) Moench] by amino acids[J]. Maydica, 40: 153-157.

Emebiri L C, 2013. QTL dissection of the loss of green colour during post-anthesis grain maturation in two rowed barley[J]. Theor. Appl. Genet., 126: 1 873-1 884.

Evans D E, Shvedunova M, Graumann K, 2011. The nuclear envelope in the plant cell cycle: structure, function and regulation[J]. Ann. Bot. (Oxford, U.K.), 107 (7): 1 111-1 118.

Faës P, Deleu C, Aïnouche A, et al., 2014. Molecular evolution and transcriptional regulation of the oilseed rape proline dehydrogenase genes suggest distinct roles of proline catabolism during development[J]. Planta, 241: 403-419.

FAO, 2013. Food and agriculture organization of the United Nations[EB/OL]. http: //faostat.fao.org.

Farboud B, Meyer B J, 2015. Dramatic Enhancement of Genome Editing by CRISPR/Cas9 Through Improved Guide RNA Design[J]. Genetics, 199 (4): 959-971.

Felderhoff T J, 2012. QTLs for Energy-related Traits in a Sweet× Grain Sorghum [*Sorghum bicolor* (L.) Moench] Mapping Population[J]. Crop Sci., 52 (5): 2 040-2 049.

Feltus F, Hart G, Schertz K, et al., 2006. Alignment of genetic maps and QTLs between inter-and intra-specific sorghum populations[J]. Theor. Appl. Genet., 112: 1 295-1 305.

Feng C, Su H, Bai H, et al., 2018. High-efficiency genome editing using a *dmc1* promoter-controlled CRISPR/Cas9 system in maize[J]. Plant Biotechnol. J., 16 (11): 1 848-1 857.

Feng Z, Mao Y, Xu N, et al., 2014. Multigeneration analysis reveals the inheritance, specificity, and patterns of CRISPR/Cas-induced gene modifications in *Arabidopsis*[J]. Proc. Natl. Acad. Sci. U. S. A., 111: 4 632-4 637.

Flint-Garcia S A, Thuillet A C, Yu J, et al., 2005. Maize association population: a high - resolution platform for quantitative trait locus dissection[J]. Plant J., 44: 1 054-1 064.

Foisner R, 2003. Cell Cycle Dynamics of the Nuclear Envelope[J]. Sci. World J., 3: 1-20.

Foy C, Jr Carter T, Duke J, et al., 1993. Correlation of shoot and root growth and its role in selecting for aluminum tolerance in soybean[J]. J. Plant Nutr., 16: 305-325.

Fromm M, Morrish F, Armstrong C, et al., 1990. Inheritance and expression of chimeric genes in the progeny of transgenic maize plants[J]. Nat. Biotechnol., 8: 833-839.

Fu Y F, Foden J A, Khayter C, et al., 2013. High-frequency off-target mutagenesis induced by CRISPR-Cas nucleases in human cells[J]. Nat. Biotechnol., 31: 822-826.

Fu Y, Sander J D, Reyon D, et al., 2014. Improving CRISPR-Cas nuclease specificity using truncated guide RNAs[J]. Nat. Biotechnol., 32 (3): 279-284.

Fukuyama H, 1994. Varietal difference of plant regeneration from callus of sorghum mature seed[J]. Breed. Sci., 44: 121−126.

Funck D, Eckard S, Müller G, 2010. Non-redundant functions of two proline dehydrogenase isoforms in Arabidopsis[J]. BMC Plant Biol., 10: 70.

Gaj T, Gersbach C A, Barbas C F, 2013. ZFN, TALEN, and CRISPR/Cas-based methods for genome engineering[J]. Trends Biotechnol., 31(7): 397−405.

Gao J, Wang G, Ma S, et al., 2015. CRISPR/Cas9-mediated targeted mutagenesis in *Nicotiana tabacum*[J]. Plant Mol. Biol., 87: 99−110.

Gao Z, Jayaraj J, Muthukrishnan S, et al., 2005a. Efficient genetic transformation of *Sorghum* using a visual screening marker[J]. Genome, 48: 321−333.

Gao Z, Xie X, Ling Y, et al., 2005b. *Agrobacterium tumefaciens*-mediated sorghum transformation using a mannose selection system[J]. Plant Biotechnol. J., 3: 591−599.

Garcia S F, Thornsberry J, Buckler E, 2003. Structure of linkage disequilibrium in plants[J]. Annu. Rev. Plant Biol., 54: 357−374.

Gendy C, Sene M, Van Le B, et al., 1996. Somatic embryogenesis and plant regeneration in *Sorghum bicolor* (L.) Moench[J]. Plant Cell Rep., 15: 900−904.

Geng P, La H, Wang H, et al., 2008. Effect of sorbitol concentration on regeneration of embryogenic calli in upland rice varieties (*Oryza sativa* L.) [J]. Plant Cell, Tissue Organ Cult., 92: 303−313.

Gianessi L P, 2013. The increasing importance of herbicides in worldwide crop production[J]. Pest Manag. Sci., 69: 1 099−1 105.

Girijashankar V, Swathisree V, 2009. Genetic transformation of *Sorghum bicolor*[J]. Physiol. Mol. Biol. Plants, 15: 287−302.

Girijashankar V, Sharma H C, Sharma K K, et al., 2005. Development of transgenic sorghum for insect resistance against the spotted stem borer (*Chilo partellus*) [J]. Plant Cell Rep., 24: 513−522.

Girijashankar V, Sharma H, Sharma K K, et al., 2005. Development of transgenic sorghum for insect resistance against the spotted stem borer (*Chilo partellus*) [J]. Plant Cell Rep., 24: 513–522.

Green J M, 2014. Current state of herbicides in herbicide resistant crops[J]. Pest Manag. Sci., 70: 1 351–1 357.

Gressel J, Levy A A, 2014. Use of multi-copy transposons bearing unfitness genes in weed control: four example scenarios[J]. Plant Physiol., 166: 1 221–1 231.

Gressel J, 2010. Needs for and environmental risks from transgenic crops in the developing world[J]. New Biotechnol., 27: 522–527.

Grissa I, Vergnaud G, Pourcel C, 2007. The CRISPRdb database and tools to display CRISPRs and to generate dictionaries of spacers and repeats[J]. BMC Bioinf., 8: 172–181.

Grootboom A W, Mkhonza N, O'Kennedy M, et al., 2010. Biolistic mediated sorghum (*Sorghum bicolor* L. Moench) transformation via mannose and bialaphos based selection systems[J]. Int. J. Bot., 6: 89–94.

Guimaraes C T, Simoes C C, Pastina M M, et al., 2014. Genetic dissection of Al tolerance QTLs in the maize genome by high density SNP scan[J]. BMC Genom., 15: 153.

Guo C, Cui W, Feng X, et al., 2011. Sorghum insect problems and Managementf[J]. J. Integr. Plant Biol., 53: 178–192.

Gurel S, Gurel E, Kaur R, et al., 2009. Efficient, reproducible *Agrobacterium*-mediated transformation of sorghum using heat treatment of immature embryos[J]. Plant Cell Rep., 28: 429–444.

Gurel S, Gurel E, Miller T I, et al., 2012. *Agrobacterium*-mediated transformation of *Sorghum bicolor* using immature embryos[J]. Methods Mol. Biol., 847: 109–122.

Harker K N, Donovan J T O, 2013. Recent weed control, weed management, and integrated weed management[J]. Weed Technol., 27: 1–11.

Harris K, Subudhi P, Borrell A, et al., 2007. Sorghum stay-green QTL individually reduce post-flowering drought-induced leaf senescence[J]. J. Exp. Bot., 58: 327-338.

Hash C, Bhasker Raj A, Lindup S, et al., 2003. Opportunities for marker-assisted selection (MAS) to improve the feed quality of crop residues in pearl millet and sorghum[J]. Field. Crop. Res., 84: 79-88.

Haussmann B, Hess D, Omanya G, et al., 2004. Genomic regions influencing resistance to the parasitic weed Striga hermonthica in two recombinant inbred populations of sorghum[J]. Theor. Appl. Genet., 109: 1 005-1 016.

Haussmann B, Mahalakshmi V, Reddy B, et al., 2002. QTL mapping of stay-green in two sorghum recombinant inbred populations[J]. Theor. Appl. Genet., 106: 133-142.

He X, Tan C, Wang F, et al., 2016. Knock-in of large reporter genes in human cells via CRISPR/Cas9-induced homology-dependent and independent DNA repair[J]. Nucleic Acids Research, 44: e85.

Heap I, 1990. International survey of herbicide resistant weeds[J]. Weed Technology, 4 (1): 220.

Heap I, 2014. Global perspective of herbicide-resistant weeds[J]. Pest Manag. Sci., 70 (9): 1 306-1 315.

Hendel A, Bak R O, Clark J T, et al., 2015. Chemically modified guide RNAs enhance CRISPR-Cas genome editing in human primary cells[J]. Nat. Biotechnol., 33 (9): 985-989.

Herbert A, Gerry N P, McQueen M B, et al., 2006. A common genetic variant is associated with adult and childhood obesity[J]. Science, 312: 279-283.

Heyer W D, Ehmsen K T, Liu J, 2010. Regulation of homologous recombination in eukaryotes[J]. Annual Review of Genetics, 44: 113-139.

Hiei Y, Ishida Y, Komari T, 2014. Progress of cereal transformation technology mediated by Front[J]. Plant Sci., 5: 628-638.

Hiei Y, Komari T, Kubo T, 1997. Transformation of rice mediated by *Agrobacterium tumefaciens*[J]. Plant Mol. Biol. Rep., 35: 205–218.

Howe A, Sato S, Dweikat I, et al., 2006. Rapid and reproducible *Agrobacterium*-mediated transformation of sorghum[J]. Plant Cell Rep., 25: 784–791.

Hsu P D, Lander E S, Zhang F, 2014. Development and applications of CRISPR-Cas9 for genome engineering[J]. Cell, 157 (6) : 1 262–1 278.

Hsu P D, Scott D A, Weinstein J A, et al., 2013. DNA targeting specificity of RNA-guided Cas9 nucleases[J]. Nat. Biotechnol., 31: 827–832.

Huang X, Wei X, Sang T, et al., 2010. Genome-wide association studies of 14 agronomic traits in rice landraces[J]. Nat. Genet., 42: 961–967.

Hufford M B, Xu X, Heerwaarden J V, et al., 2012. Comparative population genomics of maize domestication and improvement[J]. Nat. Genet., 44: 808–811.

Hwang W Y, Fu Y, Reyon D, et al., 2013. Efficient genome editing in zebrafish using a CRISPR-Cas system[J]. Nat. Biotechnol., 31: 227–229.

Indra A P, Krishnaveni S, 2009. Effect of hormones, explants and genotypes in *in vitro* culturing of sorghum[J]. J. Biochem. Technol., 1: 96–103.

Ishida Y, Hiei Y, Komari T, 2007. *Agrobacterium*-mediated transformation of maize[J]. Nat. Protoc., 2: 1 614–1 621.

Ishidai Y, SAITO H, HIEI Y, et al., 2003. Improved protocol for transformation of maize (*Zea mays* L.) mediated by *Agrobacterium tumefaciens*[J]. Plant Biotechnol., 20: 57–66.

Jamann T M, Poland J A, Kolkman J M, et al., 2014. Unraveling genomic complexity at a quantitative disease resistance locus in Maize[J]. Genetics, 198: 333–344.

Jeoung J S, Krishnaveni S, Muthukrishnan H, et al., 2002. Optimization of sorghum transformation parameters using genes for green fluorescent protein and β-glucuronidase as visual markers[J]. Hereditas, 137: 20–28.

Ji Q, Xu X, Wang K, 2013. Genetic transformation of major cereal crops[J].

Int. J. Dev. Biol., 57: 495−508.

Jiang W, Zhou H, Bi H, et al., 2013. Demonstration of CRISPR/Cas9/sgRNA-mediated targeted gene modification in *Arabidopsis*, tobacco, sorghum and rice[J]. Nucleic Acids Res., 41, e188

Jiao Y, Zhao H, Ren L, et al., 2012. Genome-wide genetic changes during modern breeding of maize[J]. Nat. Genet., 44: 812−815.

Jinek M, Chylinski K, Fonfara I, et al., 2012. A programmable dual-RNA-guided DNA endonuclease in adaptive bacterial immunity[J]. Science, 337 (6 096): 816−821.

Jinek M, East A, Cheng A, et al., 2013. RNA-programmed genome editing in human cells[J]. eLife, 2: e00471.

Jinek M, Jiang F, Taylor D W, et al., 2014. Structures of Cas9 endonucleases reveal RNA-mediated conformational activation[J]. Science, 343 (6 176): 1247997.

Jordan D, Hunt C, Cruickshank A, et al., 2012. The relationship between the stay-green trait and grain yield in elite sorghum hybrids grown in a range of environments[J]. Crop Sci., 52: 1 153−1 161.

Kang H M, Zaitlen N A, Wade C M, et al., 2008. Efficient control of population structure in model organism association mapping[J]. Genetics, 178: 1 709−1 723.

Katsar C S, Paterson A. H, Teetes G. L, et al., 2002. Molecular analysis of sorghum resistance to the greenbug (Homoptera: Aphididae) [J]. J. Econ. Entomol., 95: 448−457.

Kebede H, Subudhi P, Rosenow D, et al., 2001. Quantitative trait loci influencing drought tolerance in grain sorghum (*Sorghum bicolor* L. Moench) [J]. Theor. Appl. Genet., 103: 266−276.

Khvatkov P, Chernobrovkina M, Okuneva A, et al., 2014. Callus induction and regeneration in *Wolffia arrhiza* (L.) Horkel ex Wimm[J]. Plant Cell Tissue Organ Cult., 120: 263−273.

Kim D, Kim S, Kim S, et al., 2016. Genome-wide target specificities of

CRISPR-Cas9 nucleases revealed by multiplex Digenome-seq[J]. Genome Research，26（3）：406–415.

Kim H K，Min S，Song M，et al.，2018. Deep learning improves prediction of CRISPR-Cpf1 guide RNA activity[J]. Nat. Biotechnol.，36（3）：239–241.

Kim K H，Kabir E，Ara Jahan S，2014. A review of the consequences of global climate change on human health[J]. J. Environ. Sci. Health Part C.，32：299–318.

Kim Y G，Li L，Chandrasegaran S，1994. Insertion and deletion mutants of *Fok* I restriction endonuclease[J]. J. Biol. Chem.，269：31 978–31 982.

Kim Y G，Li L，Chandrasegaran S，1996. Hybrid restriction enzymes：Zinc finger fusions to *Fok* I cleavage domain[J]. Proc. Natl. Acad. Sci. U. S. A.，93：1 156–1 160.

Klein R，Rodriguez-Herrera R，Schlueter J，et al.，2001. Identifification of genomic regions that affect grain-mould incidence and other traits of agronomic importance in sorghum[J]. Theor. Appl. Genet.，102：307–319.

Klein R J，Zeiss C，Chew E Y，et al.，2005. Complement factor H polymorphism in age-related macular degeneration[J]. Science，308：385–389.

Kleinstiver B P，Pattanayak V，Prew M S，et al.，2016. High-fidelity CRISPR-Cas9 nucleases with no detectable genome-wide off-target effects[J]. Nature，529（7 587）：490–495.

Knoll J，Gunaratna N，Ejeta G，2008. QTL analysis of early-season cold tolerance in sorghum[J]. Theor. Appl. Genet.，116：577–587.

Knoll J，Ejeta G，2008. Marker-assisted selection for early-season cold tolerance in sorghum：QTL validation across populations and environments[J]. Theor. Appl. Genet.，116：541–553.

Knott G J，Doudna J A，2018. CRISPR-Cas guides the future of genetic engineering[J]. Science，361：866–869.

Kodama Y，Hu C D，2012. Bimolecular fluorescence complementation（BiFC）：a 5-year update and future perspectives[J]. Biotechniques，

53：285−298.

Koroleva O A，Tomlinson M L，Leader D，et al.，2005. High-throughput protein localization in Arabidopsis using *Agrobacterium*-mediated transient expression of GFP-ORF fusions[J]. Plant J.，41：162−174.

Kosambo-Ayoo L，Bader M，Loerz H，et al.，2011. Transgenic sorghum（*Sorghum bicolor* L. Moench）developed by transformation with chitinase and chitosanase genes from Trichoderma harzianum expresses tolerance to anthracnose[J]. Afr. J. Biotechnol.，10：3 659−3 670.

Krishnaveni S，Joeung J，Muthukrishnan S，et al.，2001. Transgenic sorghum plants constitutively expressing a rice chitinase gene show improved resistance to stalk rot[J]. J. Genet. Breed，55：151−158.

Kruger M，van den Berg J，du Plessis H，2008. Diversity and seasonal abundance of sorghum panicle feeding Hemiptera in South Africa[J]. Crop Prot.，27：444−451.

Kumar T，Howe A，Sato S，et al.，2013. Sorghum transformation：overview and utility. Plant Genet[J]. Genomics，11：205−221.

Kumar V，Campbell L M，Rathore K S，2010. Rapid recovery-and characterization of transformants following *Agrobacterium*-mediated T-DNA transfer to sorghum[J]. Plant Cell，Tissue Organ Cult.，104：137−146.

Kumaravadivel N，Rangasamy S S，1994. Plant regeneration from sorghum anther cultures and field evaluation of progeny[J]. Plant Cell Rep.，13：286−290.

Kwak S Y，Lew T T，Sweeney C J，et al.，2019. Chloroplast-selective gene delivery and expression in planta using chitosan-complexed single-walled carbon nanotube carriers[J]. Nat. Nanotechnol.，4：447−455.

Labuhn M，Adams F F，Ng M，et al.，2018. Refined sgRNA efficacy prediction improves large-and small-scale CRISPR-Cas9 applications[J]. Nucleic Acids Res.，46（3）：1 375−1 385.

Lam H M，Xu X，Liu X，et al.，2010. Resequencing of 31 wild and cultivated soybean genomes identifies patterns of genetic diversity and selection[J]. Nat. Genet., 42: 1 053-1 059.

Lata C, Mishra A K, Muthamilarasan M, et al., 2014. Genome-wide investigation and expression profiling of AP2/ERF transcription factor superfamily in Foxtail Millet (*Setaria italica* L.) [J]. PLoS ONE, 9: e113092.

Lee L Y, Fang M J, Kuang L Y, 2008. Vectors for multi-color bimolecular fluorescence complementation to investigate protein-protein interactions in living plant cells[J]. Plant Methods, 4: 24-34.

Leukel R, 1948. Periconia circinata and its relation to Milo disease[J]. J. Agric. Res., 77: 201-222.

Li J G, Cao J, Sun F F, et al., 2011. Control of tobacco mosaic virus by PopW as a result of induced resistance in tobacco under greenhouse and field conditions[J]. Phytopathology, 101: 1 202-1 208.

Li J, Ye X, An B, et al., 2012. Genetic transformation of wheat: current status and future prospects[J]. Plant Biotechnol Rep., 6: 183-193.

Liang Z, Zhang K, Chen K, et al., 2014. Targeted mutagenesis in *Zea mays* using TALENs and the CRISPR/Cas system[J]. J. Genet. Genomics, 41: 63-68.

Lindblad T K, Winchester E, Daly M J, et al., 2000. Large-scale discovery and genotyping of single-nucleotide polymorphisms in the mouse[J]. Nat. Genet., 24: 381-386.

Lipka A E, Tian F, Wang Q, et al., 2012. GAPIT: genome association and prediction integrated tool[J]. Bioinformatics, 28: 2 397-2 399.

Liu G, Gilding E K, Godwin I D, 2013. Additive effects of three auxins and copper on sorghum *in vitro* root induction[J]. In Vitro Cell. Dev. Biol. Plant, 49: 191-197.

Liu G, Godwin I D, 2012. Highly efficient sorghum transformation[J]. Plant Cell Rep., 31: 999-1 007.

Liu L, Li X Y, Ma J, et al., 2017b. The Molecular Architecture for RNA-Guided RNA Cleavage by Cas13a[J]. Cell, 170: 714-726.

Liu L, Li X Y, Wang J Y, et al., 2017a. Two Distant Catalytic Sites Are

Responsible for C2c2 RNase Activities[J]. Cell, 168: 121–134.

Liu Y, Schiff M, Czymmek K, et al., 2005. Autophagy regulates programmed cell death during the plant innate immune response[J]. Cell, 121: 567–577.

López-Arredondo D L, Herrera-Estrella L, 2012. Engineering phosphorus metabolism in plants to produce a dual fertilization and weed control system[J]. Nat. Biotechnol., 30: 889–893.

Lu L, Wu X, Yin X, et al., 2009. Development of marker-free transgenic sorghum [*Sorghum bicolor* (L.) Moench] using standard binary vectors with bar as a selectable marker[J]. Plant Cell, Tissue Organ Cult., 99: 97–108.

Luo H, Zhang L M, Xia Y, et al., 2015. An update on genome research of biofuel sorghum (*Sorghum bicolour*) [J]. Sci Technol Rev., 33: 17–26.

Luo H, Zhao W, Wang Y, et al., 2016. SorGSD: A sorghum genome SNP database[J]. Biotechnol Biofuels, 9: 1–9.

Ma H, Gu M, Liang G, 1987. Plant regeneration from cultured immature embryos of *Sorghum bicolor* (L.) Moench[J]. Theor. Appl. Genet., 73: 389–394.

Ma Y, Zhang J, Yin W, et al., 2016. Targeted AID-mediated mutagenesis (TAM) enables efficient genomic diversification in mammalian cells[J]. Nature Methods, 13 (12): 1 029–1 035.

Maccaferri M, Sanguineti M C, Natoli V, et al., 2006. A panel of elite accessions of durum wheat (*Triticum durum* Desf.) suitable for association mapping studies[J]. Plant GeneticResources: Characterization and Utilization, 4 (1): 79–85.

Mace E S, Tai S, Gilding E K, et al., 2013. Whole-genome sequencing reveals untapped genetic potential in Africa's indigenous cereal crop sorghum[J]. Nat. Commun., 4: 2 321–2 328.

Mace E, Singh V, van Oosterom E, et al., 2012. QTL for nodal root angle in sorghum (*Sorghum bicolor* L. Moench) co-locate with QTL for traits associated with drought adaptation[J]. Theor. Appl. Genet., 124: 97–109.

Mackinnon C，Gunderson G，Nabors M W，1986. Plant regeneration by somatic embryogenesis from callus cultures of sweet sorghum[J]. Plant Cell Rep.，5：349–351.

Magalhaes J V，Liu J，Guimaraes C T，et al.，2007. A gene in the multidrug and toxic compound extrusion（MATE）family confers aluminum tolerance in sorghum[J]. Nat. Genet.，39：1 156–1 161.

Mahalakshmi V，Bidinger F R，2002. Evaluation of stay-green sorghum germplasm lines at ICRISAT. Crop Sci.，42：965–974.

Maheswari M，Varalaxmi Y，Vijayalakshmi A，et al.，2010. Metabolic engineering using *mtlD* gene enhances tolerance to water deficit and salinity in sorghum[J]. Biol. Plant，54：647–652.

Mali P，Yang L，Esvelt K M，et al.，2013. RNA-guided human genome engineering via Cas9[J]. Science，339：823–826.

Marraffini L A，2015. CRISPR-Cas immunity in prokaryotes[J]. Nature，526（7 571）：55–61.

Martin-Ortigosa S，Peterson D J，Valenstein J S，et al.，2014. Mesoporous silica nanoparticle-mediated intracellular Cre protein delivery for maize genome editing via loxP site excision[J]. Plant Physiol.，164：537–547.

Masteller V，Holden D，1970. The growth of and organ formation from callus tissue of sorghum[J]. Plant Physiol.，45，362–364.

Mastrorilli M，Katerji N，Rana G，1999. Productivity and water use efficiency of sweet sorghum as affected by soil water deficit occurring at different vegetative growth stages[J]. Eur. J. Agron.，11：207–215.

Matsumoto T，Wu J，Kanamori H，et al.，2005. The map-based sequence of the rice genome[J]. Nature，436：793–800.

McBee G，Waskom R，Creelman R，1983. Effect of senescene on carbohydrates in sorghum during late Kernel Maturity states[J]. Crop Sci.，23：372–376.

Meng X B，Hu X X，Liu Q，et al.，2018. Robust genome editing of CRISPR-Cas9 at NAG PAMs in rice[J]. Science China：Life Sciences，61：122–125.

Mishra A, Khurana P, 2003. Genotype dependent somatic embryogenesis and regeneration from leaf base cultures of *Sorghum bicolor*[J]. J. Plant Biochem. Biotechnol., 12: 53-56.

Mitchell S E, Casa A M, Tuinstra M R, et al., 2008. Community resources and strategies for association mapping in sorghum[J]. Crop Sci., 48: 30-40.

Mitter N, Worrall E A, Robinson K E, et al., 2017. Clay nanosheets for topical delivery of RNAi for sustained protection against plant viruses[J]. Nature Plants, 3: 16 207.

Mittler R, Blumwald E, 2010. Genetic engineering for modern agriculture: challenges and perspectives[J]. Annu. Rev. Plant Biol., 61: 443-462.

Mohan S M, Madhusudhana R, Mathur K, et al., 2010. Identification of quantitative trait loci associated with resistance to foliar diseases in sorghum [*Sorghum bicolor* (L.) Moench][J]. Euphytica, 176: 199-211.

Mohan S, Madhusudhana R, Mathur K, et al., 2009. Co-localization of quantitative trait loci for foliar disease resistance in sorghum[J]. Plant Breeding, 128: 532-535.

Moose S P, Mumm R H, 2008. Molecular plant breeding as the foundation for 21st century crop improvement[J]. Plant Physiol., 147: 969-977.

Morrell P, Williams-Coplin T, Lattu A, et al., 2005. Crop-to-weed introgression has impacted allelic composition of johnsongrass populations with and without recent exposure to cultivated sorghum[J]. Mol. Ecol., 14: 2 143-2 154.

Morris G P, Ramu P, Deshpande S P, et al., 2013. Population genomic and genome-wide association studies of agroclimatic traits in sorghum[J]. Proc. Natl. Acad. Sci. U. S. A., 110: 453-458.

Müller M, Lee C M, Gasiunas G, et al., 2016. *Streptococcus thermophiles* CRISPR-Cas9 systems enable specific editing of the human genome[J]. Molecular Therapy, 24: 636-644.

Muraya M M, Mutegi E, Geiger H H, et al., 2011. Wild sorghum from different eco-geographic regions of Kenya display a mixed mating system[J].

Theor. Appl. Genet., 122: 1 631-1 639.

Murugan K, Babu K, Sundaresan R, et al., 2017. The Revolution Continues: Newly Discovered Systems Expand the CRISPR-Cas Toolkit[J]. Molecular Cell, 68: 15-25.

Mutegi E, Sagnard F, Muraya M, et al., 2010. Ecogeographical distribution of wild, weedy and cultivated *Sorghum bicolor* (L.) Moench in Kenya: implications for conservation and crop-to-wild gene flflow[J]. Genet. Resour. Crop Evol., 57: 243-253.

Nagaraj N, Reese J C, Tuinstra M R, et al., 2005. Molecular mapping of sorghum genes expressing tolerance to damage by greenbug (Homoptera: Aphididae) [J]. J. Econ. Entomol., 98: 595-602.

Nagy E D, Lee T C, Ramakrishna W, et al., 2007. Fine mapping of the *Pc* locus of *Sorghum bicolor*, a gene controlling the reaction to a fungal pathogen and its host-selective toxin[J]. Theor. Appl. Genet., 114: 961-970.

Nair S K, Prasanna B M, Garg A, et al., 2005. Identification and validation of QTLs conferring resistance to sorghum downy mildew (Peronosclerospora sorghi) and Rajasthan downy mildew (P. heteropogoni) in maize[J]. Theor. Appl. Genet., 110 (8): 1 384-1 392.

Nelson D E, Repetti P P, Adams T R, et al., 2007. Plant nuclear factor Y (NF-Y) B subunits confer drought tolerance and lead to improved corn yields on water-limited acres[J]. Proc. Natl Acad. Sci., 104: 16 450-16 455.

Neumann K, Kobiljski B, Denčić S, et al., 2011. Genome-wide association mapping: a case study in bread wheat (*Triticum aestivum* L.) [J]. Mol. Breed, 27: 37-58.

Nguyen T V, Thanh T T, Claeys M, et al., 2007. *Agrobacterium*-mediated transformation of sorghum [*Sorghum bicolor* (L.) Moench] using an improved *in vitro* regeneration system[J]. Plant Cell, Tissue Organ Cult., 91: 155-164.

Ni Z, Hu Z, Jiang Q, et al., 2013. *GmNFYA3*, a target gene of miR169, is a positive regulator of plant tolerance to drought stress[J]. Plant Mol.

Biol., 82: 113-129.

Nirwan R S, Kothari S L., 2003. High copper levels improve callus induction and plant regeneration in *Sorghum bicolor* (L.) Moench[J]. In Vitro Cell. Dev. Biol. Plant, 39: 161-164.

Nishimasu H, Cong L, Yan W X, et al., 2015. Crystal structure of Staphylococcus aureus Cas9[J]. Cell, 162 (5): 1 113-1 126.

Nishimasu H, Ran F A, Hsu P D, et al., 2014. Crystal Structure of Cas9 in Complex with Guide RNA and Target DNA[J]. Cell, 156 (5): 935-949.

Nishimasu H, Shi X, Ishiguro S, et al., 2018. Engineered CRISPR-Cas9 nuclease with expanded targeting space[J]. Science, 361 (6 408): 1 259-1 262.

Orlandini S, Mancini M, Dalla Marta A, 2007. Sistema per la realizzazione di una filiera corta per la produzione di energia da biomasse agricole[C]. Proceedings of the XXXVIII Convegno Nazionale della Società Italiana di Agronomia, Catania. 13-14.

Osakabe K, Osakabe Y, Toki S, 2010. Site-directed mutagenesis in Arabidopsis using custom-designed zinc finger nucleases[J]. Proc. Natl. Acad. Sci. U. S. A., 107: 12 034-12 039.

Ou H D, Sébastien P, Deerinck T J, et al., 2017. ChromEMT: Visualizing 3D chromatin structure and compaction in interphase and mitotic cells[J]. Science, 357 (6 349): eaag0025.

Ougham H, Armstead I, Howarth C, et al., 2008. The genetic control of senescence revealed by mapping quantitative trait loci[J]. Ann. Plant Rev. Senes. Proc. Plants, 26: 171.

OU-Lee TM, Turgeon R, Wu R, 1986. Expression of a foreign gene linked to either a plant-virus or a Drosophila promoter, after electroporation of protoplasts of rice, wheat, and sorghum[J]. Proc. Natl. Acad. Sci. U. S. A., 83: 6 815-6 819.

Ozawa K, 2009. Establishment of a high efficiency *Agrobacterium*-mediated transformation system of rice (*Oryza sativa* L.) [J]. Plant Science, 176: 522-527.

Parh D, Jordan D, Aitken E, et al., 2008. QTL analysis of ergot resistance in sorghum[J]. Theor. Appl. Genet., 117: 369-382.

Parker C, 2009. Observations on the current status of Orobanche and Striga problems worldwide[J]. Pest Manag. Sci., 65: 453-459.

Parry M A J, Jing H C, 2011. Bioenergy plants: Hopes, concerns and prospectives[J]. J. Integr Plant Biol., 53: 94-95.

Pasini L, Bergonti M, Fracasso A, et al., 2014. Microarray analysis of differentially expressed mRNAs and miRNAs in young leaves of sorghum under dry-down conditions[J]. J. Plant Physiol., 171: 537-548.

Paterson A H, Bowers J E, Bruggmann R, et al., 2009. The *Sorghum bicolor* genome and the diversification of grasses[J]. Nature, 457: 551-556.

Paterson A H, Schertz K F, Lin Y-R, et al., 1995. The weediness of wild plants: molecular analysis of genes influencing dispersal and persistence of johnsongrass, *Sorghum halepense* (L.) Pers[J]. Proc. Natl Acad. Sci., 92: 6 127-6 131.

Pattanayak V, Lin S, Guilinger J P, et al., 2013. High-throughput profiling of off-target DNA cleavage reveals RNA-programmed Cas9 nuclease specificity[J]. Nat. Biotechnol., 31: 839-843.

Peleg Z, Fahima T, Krugman T, et al., 2009. Genomic dissection of drought resistance in durum wheat × wild emmer wheat recombinant inbreed line population[J]. Plant Cell Environ., 32: 758-779.

Perumal R, Menz M A, Mehta P J, et al., 2009. Molecular mapping of *Cg1*, a gene for resistance to anthracnose (*Colletotrichum sublineolum*) in sorghum[J]. Euphytica, 165: 597-606.

Pilcher C D, Rice M E, Higgins R A, et al., 2002. Biotechnology and the european corn borer: measuring historical farmer perceptions and adoption of transgenic *Bt* corn as a pest management strategy[J]. J. Econ. Entomol., 95: 878-892.

Podevin N, Davies H V, Hartung F, et al., 2013. Site-directed nucleases: a paradigm shift in predictable, knowledge-based plant breeding[J]. Trends in Biotechnology，31：375–383.

Pola S R，Sarada M，2006. Somatic embryogenesis and plantlet regeneration in *Sorghum bicolor*（L.）Moench，from leaf segments[J]. J. Cell Mol. Biol.，5：99–107.

Pontier D，Gan S，Amasino R M，et al.，1999. Markers for hypersensitive response and senescence show distinct patterns of expression[J]. Plant Mol. Biol.，39：1 243–1 255.

Punnuri S，Huang Y，Steets J，et al.，2013. Developing new markers and QTL mapping for greenbug resistance in sorghum [*Sorghum bicolor*（L.）Moench][J]. Euphytica，191：191–203.

Qi X，Xie S，Liu Y，et al.，2013. Genome-wide annotation of genes and noncoding RNAs of foxtail millet in response to simulated drought stress by deep sequencing[J]. Plant Mol. Biol.，83：459–473.

Raghuwanshi A，Birch R G，2010. Genetic transformation of sweet sorghum[J]. Plant Cell Rep.，29：997–1 005.

Rahdar M，Mcmahon M A，Prakash T P，et al.，2015. Synthetic CRISPR RNA-Cas9-guided genome editing in human cells[J]. Proc. Natl. Acad. Sci. U. S. A.，112（51）：E7110–E7117.

Rajjou L，Duval M，Gallardo K，et al.，2012. Seed germination and vigor[J]. Annu. Rev. Plant Biol.，63：507–533.

Rajwanshi R，Chakraborty S，Jayanandi K，et al.，2014. Orthologous plant microRNAs：microregulators with great potential for improving stress tolerance in plants[J]. Theor. Appl. Genet.，127：2 525–2 543.

Ram G，Sharma A D，2013. In silico analysis of putative miRNAs and their target genes in sorghum（*Sorghum bicolor*）[J]. Int. J. Bioinform. Res. Appl.，9：349–364.

Ramasamy P，Menz M，Mehta P，et al.，2009. Molecular mapping of *Cg1*，a gene for resistance to anthracnose（*Colletotrichum sublineolum*）in sorghum[J]. Euphytica，165：597–606.

Rao A，Sree K P，Kishor P K，1995. Enhanced plant regeneration in grain and sweet sorghum by asparagine，proline and cefotaxime[J]. Plant Cell Rep.，15：72–75.

Rathinasabapathi B，2000. Metabolic engineering for stress tolerance：installing osmoprotectant synthesis pathways[J]. Ann. Bot.，86：709–716.

Reddy N R R，Ragimasalawada M，Sabbavarapu M M，et al.，2014. Detection and validation of stay-green QTL in post-rainy sorghum involving widely adapted cultivar，M35-1 and a popular stay-green genotype B35[J]. BMC Genom.，15：909.

Reddy P S，Fakrudin B，Punnuri S，et al.，2008. Molecular mapping of genomic regions harboring QTLs for stalk rot resistance in sorghum[J]. Euphytica，159：191–198.

Ren X，Yang Z，Xu J，et al.，2014. Enhanced specificity and efficiency of the CRISPR/Cas9 system with optimized sg RNA parameters in Drosophila[J]. Cell Reports，9（3）：1 151–1 162.

Rivero R M，Gimeno J，van Deynze A，et al.，2010. Enhanced cytokinin synthesis in tobacco plants expressing PSARK：IPT prevents the degradation of photosynthetic protein complexes during drought[J]. Plant Cell Physiol.，51：1 929–1 941.

Rooney W L，Blumenthal J，Bean B，et al.，2007. Designing sorghum as a dedicated bioenergy feedstock[J]. Biofuel Bioprod Bior.，1：147–157.

Rosenberg N A，Huang L，Jewett E M，et al.，2010. Genome-wide association studies in diverse populations[J]. Nat. Rev. Genet.，11：356–366.

Rostoks N，Ramsay L，MacKenzie K，et al.，2006. Recent history of artificial outcrossing facilitates whole-genome association mapping in elite inbred crop varieties[J]. Proc. Natl. Acad. Sci.，103：18 656–18 661.

Ryan J G，Spencer D C，2001. Future challenges and opportunities for agricultural R&D in the semi-arid tropics[J]. ICRISAT，83：1–88.

Sabadin P，Malosetti M，Boer M，et al.，2012. Studying the genetic basis of drought tolerance in sorghum by managed stress trials and adjustments for phenological and plant height differences[J]. Theor. Appl. Genet., 124: 1 389–1 402.

Sama V, Rawat N, Sundaram R, et al., 2014. A putative candidate for the recessive gall midge resistance gene *gm3* in rice identified and validated[J]. Theor. Appl. Genet., 127: 113–124.

Samani N J, Erdmann J, Hall A S, et al., 2007. Genomewide association analysis of coronary artery disease[J]. N. Engl. J. Med., 357: 443–453.

Samir K, Koo L H, Jenkins J, et al., 2000. Analysis of the genome sequence of the flowering plant *Arabidopsis thaliana*[J]. Nature, 408: 796–815.

Sammons D R, Wang D, Morris P, et al., 2012 Strategies for countering herbicide resistance//Abstracts of papers of the American Chemical Society[D]. Amer Chemical Soc 1155 16TH ST, NW, Washington, DC 20036 USA.

Sanchez A, Subudhi P, Rosenow D, et al., 2002. Mapping QTLs associated with drought resistance in sorghum[*Sorghum bicolor* (L.) Moench][J]. Plant Mol. Biol., 48: 713–726.

Satish K, Srinivas G, Madhusudhana R, et al., 2009. Identification of quantitative trait loci for resistance to shoot fly in sorghum [*Sorghum bicolor* (L.) Moench][J]. Theor. Appl. Genet., 119: 1 425–1 439.

Satish K, Gutema Z, Grenier C, et al., 2012. Molecular tagging and validation of microsatellite markers linked to the low germination stimulant gene (*lgs*) for Striga resistance in sorghum [*Sorghum bicolor* (L.) Moench][J]. Theor. Appl. Genet., 124: 989–1 003.

Sato S, Clemente T, Dweikat I, 2004. Identification of an elite sorghum genotype with high *In vitro* performance capacity[J]. In Vitro Cell. Dev. Biol.Plant., 40: 57–60.

Saxena R, Voight B F, Lyssenko V, et al., 2007. Genome-wide association analysis identifies loci for type 2 diabetes and triglyceride levels[J]. Science, 316: 1 331–1 336.

Schell J, 1997. Cotton carrying the recombinant insect poison Bt toxin: no case to doubt the benefits of plant biotechnology[J]. Curr. Opin. Biotechnol., 8: 235-236.

Schittenhelm S, Schroetter S, 2014. Comparison of drought tolerance of maize, sweet sorghum and sorghumsudangrass hybrids[J]. J. Agron. Crop Sci., 200: 46-53.

Schnable P S, Ware D, Fulton R S, et al., 2009. The B73 maize genome: complexity, diversity, and dynamics[J]. Science, 326: 1 112-1 115.

Seetharama N, Sairam R, Rani T, 2000. Regeneration of sorghum from shoot tip cultures and field performance of the progeny1[J]. Plant Cell, Tissue and Organ Culture, 61: 169-173.

Serrão M, Menino M, Martins J, et al., 2012. Mineral leaf composition of sweet sorghum in relation to biomass and sugar yields under different nitrogen and salinity conditions. Commun[J]. Soil Sci. Plant Anal., 43: 2 376-2 388.

Shalem O, Sanjana N E, Hartenian E, et al., 2014. Genome-scale CRISPR-Cas9 knockout screening in human cells[J]. Science, 343（6 166）: 84-87.

Sharma H C, Sharma K K, Crouch J H, 2004. Genetic transformation of crops for insect resistance: potential and limitations[J]. Crit. Rev. Plant Sci., 23: 47-72.

Sharma H, Mukuru S, Hari Prasad K, et al., 1999. Identification of stable sources of resistance in sorghum to midge and their reaction to leaf diseases[J]. Crop Prot., 18: 29-37.

Shelp B J, Bown A W, and McLean M D, 1999. Metabolism and functions of gamma-aminobutyric acid[J]. Trends in plant science, 4（11）: 446-452.

Shelp B J, Bozzo G G, Zarei A, et al., 2012a. Strategies and tools for studying the metabolism and function of γ-aminobutyrate in plants. Ⅱ. Integrated analysis[J]. Botany, 90（9）: 781-793.

Shelp B J, Bozzo G G, Trobacher C P, et al., 2012b. Strategies and tools for studying the metabolism and function of γ-aminobutyrate in plants. I.

Pathway structure[J]. Botany，90（8）：651–668.

Shen C，Bai Y，Wang S，et al.，2010. Expression profile of PIN，AUX/LAX and PGP auxin transporter gene families in *Sorghum bicolor* under phytohormone and abiotic stress[J]. FEBS J.，277：2 954–2 969.

Shrawat A K，Lorz H，006. *Agrobacterium*-mediated transformation of cereals：a promising approach crossing barriers[J]. Plant Biotechnol. J.，4：575–603.

Shridhar J，Bhat R，Bhat S，et al.，2010. *Agrobacterium*-mediated transformation studies in sorghum using an improved gfp[J]. Sat. Agril Res.，8：1–5.

Shukla V K，Doyon Y，Miller J C，et al.，2009. Precise genome modification in the crop species *Zea mays* using zinc-finger nucleases[J]. Nature，459：437–441.

Sims R E，Hastings A，Schlamadinger B，et al.，2006. Energy crops：current status and future prospects[J]. Glob. Change Biol.，12：2 054–2 076.

Singh K，Evens H，Nair N，et al.，2018. Efficient *in vivo* liver-directed gene editing using CRISPR/Cas9[J]. Molecular Therapy，26（5）：1 241–1 254.

Singh M，Chaudhary K，Singal H，et al.，2006. Identification and characterization of RAPD and SCAR markers linked to anthracnose resistance gene in sorghum [*Sorghum bicolor*（L.）Moench][J]. Euphytica，149：179–187.

Singh S P，1985. Sources of cold tolerance in grain sorghum[J]. Can J Plant Sci.，65：251–257

Slaymaker I M，Gao L，Zetsche B，et al.，2016. Rationally engineered Cas9 nucleases with improved specificity[J]. Science，351（6 268）：84–88.

Sohn K H，Lee S C，Jung H W，et al.，2006. Expression and functional roles of the pepper pathogen-induced transcription factor *RAV1* in bacterial disease resistance，and drought and salt stress tolerance[J]. Plant Mol. Biol.，61：897–915.

Staggenborg S A，Dhuyvetter K C，Gordon W，2008. Grain sorghum and corn comparisons：yield，economic，and environmental responses[J]. Agron. J.，100：1 600–1 604.

Staudinger M，Kempken F，2003. Electroporation of isolated higher-plant mitochondria：transcripts of an introduced *cox2* gene，but not an *atp6* gene，are edited in organello[J]. Mol. Genet. Genomics，269：553–561.

Su M，Li X F，Ma X Y，et al.，2011. Cloning two *P5CS* genes from bioenergy sorghum and their expression profiles under abiotic stresses and MeJA treatment[J]. Plant Sci.，181：652–659.

Subudhi P，Rosenow D，Nguyen H，2000. Quantitative trait loci for the stay green trait in sorghum[*Sorghum bicolor*（L.）Moench]：consistency across genetic backgrounds and environments[J]. Theor. Appl. Genet.，101：733–741.

Sudhakararao P，2011. Leaf discs as a source material for plant tissue culture studies of *Sorghum bicolor*（L.）Moench[J]. Not. Sci. Biol.，3：70–78.

Sunkar R，Chinnusamy V，Zhu J，et al.，2007. Small RNAs as big players in plant abiotic stress responses and nutrient deprivation[J]. Trends Plant Sci.，12：301–309.

Suzuki K，Tsunekawa Y，Hernandez-Benitez R，et al.，2016. In vivo genome editing via CRISPR/Cas9 mediated homology-independent targeted integration[J]. Nature，540：144–149.

Svitashev S，Young J K，Schwartz C，et al.，2015. Targeted mutagenesis，precise gene editing，and site-specific sene-insertion in maize using Cas9 and guide RNA[J]. Plant Physiology，169：931–945.

Tadesse Y，László Sági，Swennen R，et al.，2003. Optimisation of transformation conditions and production of transgenic sorghum（*Sorghum bicolor*）via microparticle bombardment[J]. Plant Cell，Tissue Organ Cult.，75（1）：1–18.

Takeda S，Matsuoka M，2008. Genetic approaches to crop improvement：responding to environmental and population changes[J]. Nat. Rev. Genet.，9：444–457.

Tambe A，East-Seletsky A，Knott G J，et al.，2018. RNA binding and

HEPN-nuclease activation are decoupled in CRISPR-Cas13a[J]. Cell Rep., 24（4）: 1 025–1 036.

Tanksley S D, 1993. Mapping polygenes[J]. Annu. Rev. Genet., 27: 205–233.

Tao Y, Hardy A, Drenth J, et al., 2003. Identifications of two different mechanisms for sorghum midge resistance through QTL mapping[J]. Theor. Appl. Genet., 107: 116–122.

Tao Y, Henzell R, Jordan D, et al., 2000. Identification of genomic regions associated with stay green in sorghum by testing RILs in multiple environments[J]. Theor. Appl. Genet., 100: 1 225–1 232.

Tao Y, Jordan D, Henzell R, et al., 1998. Identification of genomic regions for rust resistance in sorghum[J]. Euphytica, 103: 287–292.

Thomas H, Ougham H, 2014. The stay-green trait[J]. J. Exp. Bot. 65: 3 889–3 900.

Tilsner J, Kassner N, Struck C, et al., 2005. Amino acid contents and transport in oilseed rape（*Brassica napus* L.）under different nitrogen conditions[J]. Planta, 221: 328–338.

Torney F, Trewyn B G, Lin V S, et al., 2007. Mesoporous silica nanoparticles deliver DNA and chemicals into plants[J]. Nat. Nanotechnol., 2: 295–300.

Townsend J A, Wright D A, Winfrey R J, et al., 2009. High-frequency modification of plant genes using engineered zinc-finger nucleases[J]. Nature, 459: 442–445.

Tuinstra M R, Grote E M, Goldsbrough P B, et al., 1997. Genetic analysis of post-flowering drought tolerance and components of grain development in *Sorghum bicolor*（L.）Moench[J]. Mol. Breeding, 3: 439–448.

Tuinstra M R, Soumana S, Al-Khatib K, et al., 2009. Efficacy of herbicide seed treatments for controlling infestation of sorghum[J]. Crop Sci., 49: 923–929.

Upadhyay S K, Kumar J, Alok A, et al., 2013. RNA-guided genome editing for target gene mutations in wheat[J]. G3: Genes, Genomes,

Genet.，3：2 233–2 238.

Upadhyaya H D，Wang Y H，Sharma R，et al.，2013. Identification of genetic markers linked to anthracnose resistance in sorghum using association analysis[J]. Theor. Appl. Genet.，126：1 649–1 657.

Urnov F D，Rebar E J，Holmes M C，et al.，2010. Genome editing with engineered zinc finger nucleases[J]. Nat. Rev. Genet.，11：636–646.

Urriola J and Rathore K S，2014. Overexpression of a glutamine synthetase gene affects growth and development in sorghum[J]. Transgenic Res.，24：397–407.

Valvekens D，Montagum M，Lusebettens M，1988. *Agrobacterium tumefaciens*-mediated transformation of *Arabidopsis thaliana* root explants by using kanamycin selection[J]. Proc. Natl. Acad. Sci. U. S. A.，85：5 536–5 540.

van Oosterom E，Jayachandran R，Bidinger F，1996. Diallel analysis of the stay-green trait and its components in sorghum[J]. Crop Sci.，36：549–555.

Varet A，Hause B，Hause G，et al.，2003. The Arabidopsis *NHL3* gene encodes a plasma membrane protein and its overexpression correlates with increased resistance to *Pseudomonas syringae* pv. tomato DC3000[J]. Plant Physiol.，132：2 023–2 033.

Verbruggen N and Hermans C，2008. Proline accumulation in plants：a review[J]. Amino Acids.，35：753–759.

Vijayalakshmi K，Fritz A K，Paulsen G M，et al.，2010. Modeling and mapping QTL for senescence-related traits in winter wheat under high temperature[J]. Mol. Breeding，26：163–175.

Visarada K，Kishore N，2007. Improvement of Sorghum through transgenic technology[R]. Information System for Biotechnology News Report（Virginia tech，US）：1–3.

Visscher P M，Brown M A，McCarthy M I，et al.，2012. Five years of GWAS discovery. Am. J. Hum. Genet.，90：7–24.

Voytas D F，2013. Plant genome engineering with sequence-specific nucleases[J]. Ann. Rev. Plant Biol., 64: 327-350.

Voytas D F, Gao C, 2014. Precision genome engineering and agriculture: opportunities and regulatory challenges[J]. PLoS Biology, 12: e1001877.

Wang H, Chen G, Zhang H, et al., 2014a. Identification of QTLs for salt tolerance at germination and seedling stage of *Sorghum bicolor* L Moench[J]. Euphytica, 196: 117-127.

Wang P, Zhao F J, Kopittke P M, 2019. Engineering Crops without Genome Integration Using Nanotechnology[J]. Trends Plant Sci., 24（7）: 574-577.

Wang S, Bai Y, Shen C, et al., 2010. Auxin-related gene families in abiotic stress response in *Sorghum bicolor*[J]. Funct. Integr. Genomics, 10: 533-546.

Wang T T, Ren Z J, Liu Z Q, et al., 2014b. *SbHKT1; 4*, a member of the high-affinity potassium transporter gene family from *Sorghum bicolor*, functions to maintain optimal Na^+/K^+ balance under Na^+ stress[J]. J. Integr. Plant Biol., 56: 315-332.

Wang T, Wei J J, Sabatini D M, et al., 2014. Genetic Screens in Human Cells Using the CRISPR-Cas9 System[J]. Science, 343: 80-84.

Wang W, Wang J, Yang C, et al., 2007. Pollen-mediated transformation of *Sorghum bicolor* plants[J]. Biotechnol. Appl. Biochem., 48: 79-83.

Wang W C, Menon G, Hansen G, 2003. Development of a novel *Agrobacterium*-mediated transformation method to recover transgenic *Brassica napus* plants[J]. Plant Cell Rep., 22: 274-281.

Wang Z X, Yano M, Yamanouchi U, et al., 1999. The *Pib* gene for rice blast resistance belongs to the nucleotide binding and leucine-rich repeat class of plant disease resistance genes[J]. Plant J., 19: 55-64.

Washburn J D, Murray S C, Burson B L, et al., 2013. Targeted mapping of quantitative trait locus regions for rhizomatousness in chromosome SBI-01 and analysis of overwintering in a *Sorghum bicolor* × *S. propinquum* population[J]. Mol. Breeding, 31: 153-162.

Wernicke W, Brettell R, 1980. Somatic embryogenesis from *Sorghum bicolor* leaves[J]. Nature, 287: 138-139.

Wilkinson S, Kudoyarova G R, Veselov D S, et al., 2012. Plant hormone interactions: innovative targets for crop breeding and management[J]. J. Exp. Bot., 63: 3 499-3 509.

Wood A J, Saneoka H, Rhodes D, et al., 1996. Betaine aldehyde dehydrogenase in sorghum: molecular cloning and expression of two related genes[J]. Plant Physiol., 110（4）: 1 301-1 308.

Wright T R, Shan G, Walsh T A, et al., 2010. Robust crop resistance to broadleaf and grass herbicides provided by aryloxyalkanoate dioxygenase transgenes[J]. Proc. Natl Acad. Sci., 107: 20 240-20 245.

Wu E, Lenderts B, Glassman K, et al., 2013. Optimized *Agrobacterium*-mediated sorghum transformation protocol and molecular data of transgenic sorghum plants[J]. In Vitro Cell. Dev. Biol. Plant., 50: 9-18.

Wu T M, Lin W R, Kao Y T, et al., 2013. Identifification and characterization of a novel chloroplast/mitochondria co-localized glutathione reductase 3 involved in salt stress response in rice[J]. Plant Mol. Biol., 83（4-5）: 379-390.

Wu X, Scott D A, Kriz A J, et al., 2014. Genome-wide binding of the CRISPR endonuclease Cas9 in mammalian cells[J]. Nat. Biotechnol., 32（7）: 670-676.

Wu Y and Huang Y, 2008. Molecular mapping of QTLs for resistance to the greenbug *Schizaphis graminum*（Rondani）in *Sorghum bicolor*（Moench）[J]. Theor. Appl. Genet., 117: 117-124.

Wyvekens N, Topkar V V, Khayter C, et al., 2015. Dimeric CRISPR RNA-guided Fok I-dCas9 nucleases directed by truncated gRNAs for highly specific genome editing[J]. Human Gene Therapy, 26: 425-431.

Xing H L, Dong L, Wang Z P, et al., 2014. A CRISPR/Cas9 toolkit for multiplex genome editing in plants[J]. BMC Plant Biology, 14（1）: 327.

Xu H, Xiao T F, Chen C H, et al., 2015. Sequence determinants of improved CRISPR sgRNA design[J]. Genome Res., 25: 1 147-1 157.

Xu K D, Chang Y X, Liu K, et al., 2014. Regeneration of Solanum nigrum by Somatic Embryogenesis, Involving Frog Egg-Like Body, a Novel Structure[J]. PLoS ONE, 9（6）: e98672.

Xu K D, Chang Y X, Zhang Y, et al., 2016. *Rorippa indica* Regeneration via Somatic Embryogenesis Involving Frog Egg-like Bodies Efficiently Induced by the Synergy of Salt and Drought Stresses[J]. Sci. Rep., 6（1）: 19 811.

Xu W, Subudhi P K, Crasta O R, et al., 2000. Molecular mapping of QTLs conferring stay-green in grain sorghum[*Sorghum bicolor*（L.）Moench][J]. Genome, 43: 461–469.

Xu X, Liu X, Ge S, et al., 2011. Resequencing 50 accessions of cultivated and wild rice yields markers for identifying agronomically important genes[J]. Nat. Biotechnol., 30（1）: 105–111.

XuHan X, Jing H C, Cheng X F, et al., 1999. Polyploidization in embryogenic microspore cultures of *Brassica napus* L. cv. *Topas* enables the generation of doubled haploid clones by somatic embryogenesis[J]. Protoplasma, 208: 240–247.

Yan H, Hong L, Zhou Y, et al., 2013. A genome-wide analysis of the *ERF* gene family in sorghum[J]. Genet. Mol. Res., 12: 2 038–2 055.

Yang C Y, Chen S H, Wang J H, et al., 2016. A facile electrospinning method to fabricate polylactide/graphene/MWCNTs nanofiber membrane for tissues scaffold[J]. Applied Surface Science, 362: 163–168.

Yemata G, Fetenel M, Assefa A, et al., 2014. Evaluation of the agronomic performance of stay green and farmer preferred sorghum（*Sorghum bicolor*（L）Moench）varieties at Kobo North Wello zone, Ethiopia[J]. Sky Journal of Agricultural Research, 3: 240–248

Yin H, Song C Q, Suresh S, et al., 2018. Partial DNA-guided Cas9 enables genome editing with reduced off-target activity[J]. Nature Chemical Biology, 14（3）: 311–316.

Young W R, Teetes G L, 1977. Sorghum entomology[J]. Annu. Rev. Entomol., 22（1）: 193–218.

Yu J，Tuinstra M R，2001. Genetic analysis of seedling growth under cold temperature stress in grain sorghum[J]. Crop Sci.，41：1 438−1 443.

Yu Q，Powles S B，2014. Metabolism-based herbicide resistance and cross-resistance in crop weeds：a threat to herbicide sustainability and global crop production[J]. Plant Physiol.，166：1 106−1 118.

Zegada-Lizarazu W and Monti A，2013. Photosynthetic response of sweet sorghum to drought and re-watering at different growth stages[J]. Physiol. Plant，149：56−66.

Zetsche B，Gootenberg J S，Abudayyeh O O，et al.，2015. Cpf1 is a single RNA-guided endonuclease of a class 2 CRISPR-Cas system[J]. Cell，163（3）：759−771.

Zhai J，Dong Y，Sun Y，et al，2014. Discovery and analysis of microRNAs in Leymus chinensis under saline-alkali and drought stress using high-throughput sequencing[J]. PLoS ONE，9：e105417.

Zhang F，Maeder M L，Wallace E U，et al.，2010a. High frequency targeted mutagenesis in *Arabidopsis thaliana* using zinc finger nucleases[J]. Proc. Natl. Acad. Sci. U. S. A.，107： 12 028−12 033.

Zhang H，Demirer G S，Zhang H L，et al.，2019. DNA nanostructures coordinate gene silencing in mature plants[J]. Proc. Natl. Acad. Sci. U. S. A.，116：7 543−7 548.

Zhang L M，Leng C Y，Luo H，et al.，2018. Sweet Sorghum Originated through Selection of *Dry*，a Plant-Specific NAC Transcription Factor Gene[J]. The Plant Cell，30：2 286−2 307.

Zhang L M，Luo H，Liu Z Q，et al.，2014. Genome-wide patterns of large-size presence/absence variants in sorghum[J]. J. Integr. Plant Biol.，56：24−37.

Zhang M，Tang Q，Chen Z，et al.，2009. Genetic transformation of *Bt* gene into sorghum（*Sorghum bicolor* L.）mediated by *Agrobacterium tumefaciens*[J]. Chin. J. Biotechnol.，25：418−423.

Zhang Y，Su J，Duan S，et al.，2011. A highly efficient rice green tissue protoplast system for transient gene expression and studying light/

chloroplast-related processes[J]. Plant Methods，7：30–44.

Zhang Z，Ersoz E，Lai C Q，et al.，2010b. Mixed linear model approach adapted for genome-wide association studies[J]. Nat. Genet.，42：355–360.

Zhao B，Liang R，Ge L，et al.，2007. Identification of drought-induced microRNAs in rice[J]. Biochem. Biophys. Res. Commun.，354：585–590.

Zheng L Y，Guo X S，He B，et al.，2011. Genome-wide patterns of genetic variation in sweet and grain sorghum（*Sorghum bicolor*）[J]. Genome Biol.，12：R114.

Zhao X，Meng Z G，Wang Y，et al.，2017. Pollen magnetofection for genetic modification with magnetic nanoparticles as gene carriers[J]. Nature Plants，3：956–964.

Zhao Z Y，Cai T S，Tagliani L，et al.，2000. *Agrobacterium*-mediated sorghum transformation[J]. Plant Mol. Biol.，44：789–798.

Zhou H，Liu B，Weeks D P，et al.，2014. Large chromosomal deletions and heritable small genetic changes induced by CRISPR/Cas9 in rice[J]. Nucleic Acids Res.，42：10 903–10 914.

Zhou Y，Wang D，Lu Z，et al.，2013. Impacts of drought stress on leaf osmotic adjustment and chloroplast ultrastructure of stay-green sorghum[J]. Ying Yong Sheng Tai Xue Bao，24：2 545–2 550.

Zhu C，Bortesi L，Baysal C，et al.，2017. Characteristics of genome editing mutations in cereal crops[J]. Trends in Plant Science，22（1）：38–52.

Zhu H，Muthukrishnan S，Krishnaveni S，et al.，1998. Biolistic transformation of sorghum using a rice chitinase gene[J]. J. Genet. Breed，52：243–252.

附　录

附录1　缩略词

英文缩写	英文名称	中文名称
2,4-D	2,4-Dichlorophenoxyacetic Acid	2,4-二氯苯氧乙酸
6-BA	6-Benzylaminopurine	6-苄氨基腺嘌呤
Amp	Ampicillin	氨苄青霉素
AS	3′,5′-Dimethoxy-4′-hydroxyacetophenone	乙酰丁香酮
Bp	Base Pair	碱基对
BSA	Bovine Serum Albumin	牛血清白蛋白
CaMV	Cauliflower Mosaic Virus	花椰菜花叶病毒
cDNA	complementary DNA	互补DNA
CDS	Coding Sequence	蛋白质编码区
CTAB	Cetyl Trimethyl Ammonium Bromide	十六烷基三乙基溴化铵
CRISPR/Cas9	Clustered Regularly Interspaced Short Palindromic Repeats/Cas9	Ⅱ型常间回文重复序列丛集/常间回文重复序列丛集关联蛋白系统
DMSO	Dimethyl Sulfoxide	二甲基亚砜
DNA	Desoxyribose Nucleic Acid	脱氧核糖核酸
DNase Ⅰ	Deoxyribonuclease Ⅰ	脱氧核糖核酸酶

（续表）

英文缩写	英文名称	中文名称
dNTP	Deoxynucleotide Triphosphates	脱氧核苷三磷酸
EDTA	Ethylenediaminetetraacetic Acid	乙二胺四乙酸
EB	Ethidium Bromide	溴化乙锭
GFP	Green Fluorescent Protein	绿色荧光蛋白
GLU	Glucose	葡萄糖
GWAS	Genome-Wide Association Study	全基因组关联分析
Hpt Ⅱ	Hygromycin Phosphotransferase Ⅱ	潮霉素磷酸转移酶Ⅱ
Npt Ⅱ	Neomycin Phosphotransferase Ⅱ	新霉素磷酸转移酶Ⅱ
Kan	Kanamycin	卡那霉素
Kb	Kilobase	千碱基对
M	Mol/L	摩尔/升
Min	Minute	分钟
mRNA	messenger RNA	信使RNA
MS	Murashige and Skoog medium	Murashige and Skoog培养基
NaAc	Sodium Acetate	乙酸钠
OD	Optical Density	光密度
PCR	Polymerase Chain Reaction	聚合酶链式反应
PEG	Polyethylene Glycol	聚乙二醇
polyA	Polyadenylic Acid	多聚腺苷酸
IAA	Indole-3-Acetic Acid	3-吲哚乙酸
IBA	Indole-3-Butyric Acid	3-吲哚丁酸
Rif	Rifampin	利福平
RNA	RiboNucleic Acid	核糖核酸
RNAi	RNA interference	RNA干扰
RNase A	Ribonuclease A	核糖核酸酶A

（续表）

英文缩写	英文名称	中文名称
RT-PCR	Reverse Transcript PCR	反转录聚合酶链式反应
Rpm	Revolutions Per Minute	每分钟转数
SDS	Sodium Dodecyl Sulfate	十二烷基磺酸钠
Sec	Second	秒
SOR	Sorbitol	山梨醇
Spe	Spectinomycin	壮观霉素
SUC	Sucrose	蔗糖
TALENs	Transcription Activator-Like Effectors Nucleases	转录激活因子样效应物核酸酶
TILLING	Targeting Induced Local Lesions IN Genomes	定向诱导基因组局部突变技术
Tris	Tris（thydrozy-methyl）-Amino Methane	三羟甲基氨基甲烷
VIGS	Virus Induced Gene Silencing	病毒诱导基因沉默
X-Gluc	5-Bromo-4-Chloro-3-Indolyl-β-D-Glucuronic Acid	5-溴-4-氯-3-吲哚-β-D-葡萄糖苷酸
ZFNs	Zinc-Finger Nucleases	锌指蛋白

附录2　23个分子标记（PAVs和SSR）引物信息

分子标记	染色体	正向引物	反向引物
Sb1-2	Chr-1	TGGTCTCTGAAGTTGTCACTGT	GCATCTATTCCTATCGCACGAA
S6	Chr-1	GAGGATGTAAGCAGCCAAAG	CTCATGCATCGCTGAGAAAG
S7	Chr-1	ACAACTGCGGATACAACCAG	CAAACTCAGCTTTCCTCTCG
S9	Chr-1	AGCTTGGCACAGGACACTAC	GCGTATGTATCGTCGCCTAC
S11	Chr-1	TCAACTACATCCTCGCCTTC	CAGTGCAGGAGAAACACTTG
S12	Chr-2	GGACCCATATGTGGTTTAGTCG	GGCCTCGTCTCATCTCTCTC
S14	Chr-2	CTATCGTCCCGATCTCTTCTC	GCCTCTTGGTTAGGCTCATC
X59	Chr-3	GAAATCCACGATAGGGTAAGG	GACCCAGAATAGAAGAGAGG
SbN4-4	Chr-4	CAGACGGATCACACGACGA	ACGGATATACTGTGGACGATGA

（续表）

分子标记	染色体	正向引物	反向引物
SbN4-5	Chr-4	AGTTTGCCCTATCCTCACAGTA	GACCTGTTTCGGAGATGATGAG
Sb5-4	Chr-5	GGTAACGGTGCCAGAATGC	ACGGTGTCAACCTTGGAACT
Sb5-11	Chr-5	CTAGTTCCAGCTCTGACACATC	GCACAAGACCATAGACCAAAGA
Sb5-15	Chr-5	CAGCAATTCCTATGAAGAT-GACTTG	ATATGTTCTCAGCCTCGTTAGTG
S28	Chr-6	CTCACCATCCCTACCATCTG	GGACCACCATAGTGAGTTGC
Sb6-14	Chr-6	TGTTTTTACGGATCAAGCTAG-CAAT	GACAACGACCAAAGGCACCC
Sb7-3	Chr-7	CGGCATGTTCGGACAGATG	GAGCGGATGGTGGAGAAGAT
Sb7-5	Chr-7	ACACTCCGTCCGTCAACAG	CGTAGCAGCACCAGCACTA
Sb7-6	Chr-7	AGAAGTTCCAAGGACAACACAA	AGGTCAGATGAAAGAAAGAGGT
Sb8-1	Chr-8	CGTTGGTGGTGCTGATCTTG	CCATTCTCTGATCCAGTTAGGC
Sb8-6	Chr-8	TCAACACAAACAAGGCGATGG	TCTTTGCGAGCAGGGTCAG
Sb9-1	Chr-9	CATAGGTTGTGCTAGGCGTTAC	GCGATGTCCATACATTGTCTGA
S44	Chr-9	GAGGCCTACCTCGCTAGATT	TGCATGACCTCTCTCTCGAT
S46	Chr-10	GCTTTGTATGACCTGCGACT	GCTAACTCCAGTGCAATGCT